海外油气勘探开发经济评价关键技术与实践

代琤　陈果　李洪玺　罗钟鸣　等著

石油工业出版社

内 容 提 要

本书主要从经济评价基本理论及海外油气合同模式入手，介绍了海外油气勘探开发经济评价主要内容、方法、流程和指标，并对开发方案、开发调整方案、后评价、SEC储量评估、新项目评价等不同类型项目的经济评价关键技术及实践进行了详细阐述。

本书针对不同类型海外油气勘探开发项目，系统阐述了经济评价关键技术、注意事项及常用术语，对从事海外油气勘探开发的专业技术人员及相关管理人员具有参考意义。

图书在版编目（CIP）数据

海外油气勘探开发经济评价关键技术与实践 / 代琤等著 . -- 北京：石油工业出版社，2024. 11.

ISBN 978-7-5183-7124-2

Ⅰ . P618.130.8；TE34

中国国家版本馆 CIP 数据核字第 2024KU6804 号

出版发行：石油工业出版社
（北京市朝阳区安华里 2 区 1 号楼　100011）
网　址：www.petropub.com
编辑部：（010）64523693
图书营销中心：（010）64523633　（010）64523731

经　　销：全国新华书店
排　　版：北京点石坊文化发展有限责任公司
印　　刷：北京九州迅驰传媒文化有限公司

2024 年 11 月第 1 版　　2024 年 11 月第 1 次印刷
710 毫米 ×1000 毫米　　开本：1/16　　印张：15.25
字数：223 千字

定价：120.00 元
（如发现印装质量问题，我社图书营销中心负责调换）

本书编委会

主　　编： 代　琤　陈　果

副 主 编： 李洪玺　罗钟鸣

编写人员： 陈　杰　方　杰　程　亮　张　李　余　佳　陈远建　张　豪　胡　越　尹慧敏　陈　磊　徐乾承　唐翔宇　王玉根　童明胜　姚林君　罗鹏曦

PREFACE 前言

中国石油企业响应党中央“利用两种资源、两个市场”号召，落实“走出去”战略部署 30 年来，建成了五大海外油气合作区、四大油气通道、三大国际油气运营中心，推动了我国海外油气事业实现跨越式发展，全球战略布局逐步完善，海外整体规模位居世界前列。特别是近 10 年来，中国石油企业深度融入共建“一带一路”倡议，全力奋进高质量发展，积极打造能源合作利益共同体，成功签署一批重大油气合作项目，为服务国家对外开放大局、保障国家能源安全做出了重要贡献。

中国石油企业在进行海外油气投资过程中，需要进行投资项目论证，而经济评价是确保投资决策科学性和合理性的重要手段。海外油气勘探开发项目具有较高的风险性和不确定性，不仅涉及巨额投资，还面临着复杂的投资环境、合作方式、合同模式及财税条款、地质工程条件、市场波动等多重风险。首先，通过对项目的成本、收益、风险等因素进行综合分析，可以帮助投资者准确判断项目的经济可行性，降低投资风险，提高投资效益。其次，经济评价有助于优化海外油气勘探开发的投资组合，在众多油气勘探项目中，投资者需要选择最具潜力的高回报项目进行投资。再次，通过经济评价，可以对各个项目的投资效益、风险水平等关键指标进行综合评估，从而确定投资方向和比例，实现资源的合理配置和风险控制，有助于提升石油企业的竞争力和行业水平。此外，通过对海外油气勘探开发项目进行经济评价，企业可以更加清晰地了解自身的优势和劣势，制定更加科学合理的经营策略和发展规划。

海外油气勘探开发经济评价是一门涉及多专业的综合性学科。它主要运用技术经济学、财务管理、风险管理等理论和方法，对海外油气勘探开发项目的投资环境、技术经济可行性、风险等进行全面、深入的分析和评估。中国石油每年都需要编制大量的开发方案、开发调整方案、后评价、SEC 储量评估、新项目评价等研究报告，这些不同类型的项目都需要通过经济评价来做出相应的决策。目前我国在海外油气勘探开发经济评价领域的书籍以介绍基本理论和方法为主，对于不同类型项目的具体案例论述甚少，迫切需要一本指导不同类型海外油气勘探开发经济评价的专著来指导具体实践。此外，国内从事海外油气勘探开发的专业人员日渐增多，部分高校也开设了相应课程或教学内容，需要一本能指导海外油气勘探开发经济评价的专著作为教学辅导书。综上所述，中国石油集团川庆钻探工程有限公司地质勘探开发研究院组织相关人员总结 20 多年的海外项目技术服务经验，撰写了本书。

本书基于笔者多年海外油气勘探开发经济评价的经验和知识积累，尤其是第一作者代琤，从事海外油气勘探开发经济评价研究工作 20 年，曾赴中国石油（阿布扎比）公司负责规划计划和投资管理工作，不仅有丰富的海外油气勘探开发经济评价研究经验，还具有丰富的海外油气田投资管理经验。正是基于对海外油气勘探开发经济评价研究经验和深刻认识，本书首次系统全面总结了不同类型海外油气勘探开发经济评价关键技术与实践，尤其是第一次阐述了油服企业海外项目经济评价关键技术。本书还详细论述了海外油气勘探开发经济评价实践需注意的事项以及经济评价常用术语，既具理论性，又具实践性，同时突出了海外油气勘探开发投资运作的特色，是从事海外油气勘探开发及经济评价专业人员的参考书籍。

全书由代琤、陈果负责制定撰写提纲，并对全书进行统稿和修改。第一章由代琤、陈果撰写，第二章至第七章由代琤、陈果、李洪玺、罗钟鸣、陈杰、方杰、程亮、张李、余佳、陈远建、陈磊、徐乾承、唐翔宇等撰写，第八章至第十章由代琤、陈果、张豪、王玉根、童明胜、姚林君、罗鹏曦等撰写，第十一章至第十三章由代琤、陈果、胡越、尹慧敏等撰写。

笔者水平有限，书中不妥和疏漏之处在所难免，敬请各位读者批评指正。同时，本书在撰写过程中引用的实践案例，出于保密需要，数据都进行了加工处理，也请各位读者见谅。

CONTENTS 目录

第一章
海外油气经济评价概述

第一节　经济评价基本理论

一、项目经济评价概述

项目经济评价从属于技术经济学，是技术经济学重要的实质性与务实性的内容之一。项目经济评价是根据资源国有关部门颁布的政策、法律、法规、方法和参数等，从项目（企业）角度出发，针对多个技术方案和建设方案，选出技术上先进可靠的方案，从经济角度进行论证、分析及选择，提出对建设项目经济和社会评价意见的过程。

项目经济评价是建设项目前期研究中的重要内容和有机组成部分。项目经济评价的结论是投资决策的重要依据，也是国家宏观调控、总结项目建设的经验及教训、评价项目管理成果的重要依据。

1. 项目经济评价的分类

项目经济评价根据评价的时间段划分，可将其分为事前评价、事中评价和事后评价。

事前评价（项目评价），是指建设项目实施前投资决策阶段所进行的评价。如在初步可行性研究阶段所作的初步评价、项目可行性研究阶段的项目评价都属于事前评价。

事中评价（跟踪评价），是指在项目建设过程中进行的评价。世界银行等国际组织把它列为后评价的一种类型，这是由于在项目建设前的评价结论及评价依据发生了大的变化，或因事前评价时考虑不周、失误或根本未进行事前评价，而在建设中遇到困难，不得不反过来重新进行评价，以决定早期决策有无全部或局部修改的必要性。如果有必要，应对项目进行修改、补充，甚至停止项目的建设或转产等。

事后评价（项目后评价），是指在项目建设投入生产并达到正常生产能力后，总结评价项目投资决策的正确性、项目实施过程的管理有效性、市场预测的可靠性、技术的先进性和竞争能力等。

2. 项目经济评价的主要特点

（1）动态分析与静态分析相结合，以动态分析为主。项目经济评价方法强调考虑资金的时间价值，利用复利计算方法将不同时点的效益费用的流入和流出折算成同一时点的价值，为不同项目和不同方案的经济比较提供了相同的基础，并能反映未来时期的发展变化情况。虽然静态分析不考虑资金的时间价值，但项目经济分析评价方法并不排斥静态分析；在以动态分析为主时，根据需要采用简单、直观的静态指标进行辅助分析。

（2）定量分析与定性分析相结合，以定量分析为主。经济评价的基本要求是通过效益和费用的计算，对项目建设和生产过程中诸多经济因素给出明确、综合的数量概念，从而进行经济分析和比较。项目经济评价方法采用的评价指标力求能正确反映项目效益和费用之间的关系，尽可能对项目或方案的优劣给出明确的数量结论。

（3）全过程经济效益分析与阶段性效益分析相结合，以全过程效益分析为主。传统的经济评价方法重建设、轻运营，在经济评价时偏重建设期效益，忽视运营期效益，造成有些项目建成后效益低下甚至亏损。现行经济评价方法强调包括建设期和运营期的全过程经济效益，采用了能够反映项目整个计算期内经济效益的内部收益率净现值等指标，并用这些指标作为判别项目取舍的依据。

（4）宏观效益分析与微观效益分析为主。对项目进行经济分析评价，不仅要看项目本身获利多少，有无财务生存能力，还要考察项目的建设和经营对国民经济有多大贡献，以及需要国民经济付出多大代价。财务分析评价与国民经济评价结论均可行的项目才予以通行。如果财务分析评价结论可行，国民经济评价结论不可行，应对项目予以否定；反之，可进行“再设计”，必要时可提出采取经济优惠措施的建议（如减免税收等），使财务分析评价结论也可行。

（5）价值量分析与实物量分析相结合，以价值量分析为主。价值量分析用货币单位，实物量分析用物理单位（重量、体积、面积等单位）。经济评价方法从适应社会主义市场经济需要出发，强调把物质因素、劳动因素、时间因素等都量化为货币资金因素，对不同项目或方案都用同一可比的价值量（货币）进行分析比较，作为项目或方案取舍的判别标准。

（6）预测分析与统计分析相结合，以预测分析为主。经济评价方法强调既要以现有状况水平为基础进行统计分析，又要对未来情况进行科学预测分析，在对效益费用流入流出的时间、数额进行常规预测的同时，还要对某些不确定因素和风险进行评估，作出投资的不确定分析和风险分析。

二、经济效益基本概念

技术经济分析就是要研究技术实践活动中的经济效益。千方百计提高技术实践的经济效益，是技术经济分析工作的核心问题，也是进行技术经济分析的根本出发点。

任何技术方案，特别是生产性的技术方案，都是一种以一定资金、人力、物力支出为代价，以满足社会需要、增加企业盈利与国民收入为目的的经济活动。作为一种经济活动、技术方案的实践，必然要讲求经济效益，力求以尽可能少的支出换取尽可能多的收入。所谓经济效益，简单地说是指方案产出与投入之间的对比关系，其一般表达式为：

$$经济效益 = 产出 / 投入 \quad 或 \quad 经济效益 = (产出 - 投入) / 投入$$

技术经济分析与评价包含许多内容，但一般来说，经济效益的高低是决定方案取舍的主要依据。不同的技术方案进行相互比较时，在各方案产出相同的情况下，在劳动条件要求与环境允许的范围内，方案的投入越小越好；在各方案投入相同的情况下，在技术条件与环境允许的范围内，方案的产出越大越好。

经济效益主要表现形式为：

（1）经济效益有直接经济效益与间接经济效益之分。直接经济效益是指方案实施后，方案采纳者直接得到的经济效益，例如产品质量的提高、利润的增加等。间接经济效益是指方案投产以后给相关部门带来的经济效益，例如高效节能注水泵在油田的广泛使用，使油田注水成本下降，油田由此而得到的效益相对于注水泵生产厂家而言则属于间接经济效益。

（2）经济效益有微观经济效益与宏观经济效益之分。微观经济效益是指技术方案的采纳者小范围内所获得的经济效益，例如企业的利润等就属于微观经济效益。宏观经济效益则是指国民经济范围内所获得的经济效益，例如改建某化肥厂，使企业的生产成本下降，产品产量提高，这不仅使企业增加收入和利润而取得一定的微观经济效益，同时又可使缺少化肥的农村得到化肥，使农作物的产品产量增加，全社会也由此获得一定的经济效益。

（3）经济效益有有形经济效益与无形经济效益之分。有形经济效益是指能够用货币单位计量与表示的经济效益，例如某方案实施后企业得到的收入、利润等。无形经济效益则是指那些不能用货币单位来定量表示的经济效益，例如某方案实施之后，使企业职工的劳动条件大大改善、社会就业人数增加、环境污染大大降低等。

三、资金时间价值理论

资金时间价值是项目经济评价最基本的概念。资金时间价值是指资金在生产和流通过程中随着时间推移而产生的增值，它也可被看成资金的使用成本。

资金如果储藏起来不用，不论经过多少时间，金额不会发生改变，

1 元仍是 1 元。资金如果作为社会生产资金投入再生产过程，就会带来利润；如果存入银行，就会得到利息。利润或利息都叫资金的增值。资金随时间而增值的现象一般称作资金时间价值。

资金时间价值是工程技术经济分析中重要的基本原理之一，是用动态分析法对项目投资方案进行对比、选择的依据和出发点。资金时间价值是客观存在的，是商品生产条件下的普遍规律，只要商品生产存在，资金就具有时间价值。要正确地评价工业项目或技术方案的经济效果，不仅要考虑投资额与收回的效益的大小，还必须考虑投资与效益发生的时间，有效地利用“资金只有运作才会增值”的规律，以便取得更好的经济效益，促进经济的发展。

如图 1-1 所示，所有项目的经济评价都是基于资金时间价值这一原理，根据资金时间价值原理，形成了以现金流量分析（动态分析）为主的建设项目经济评价方法。

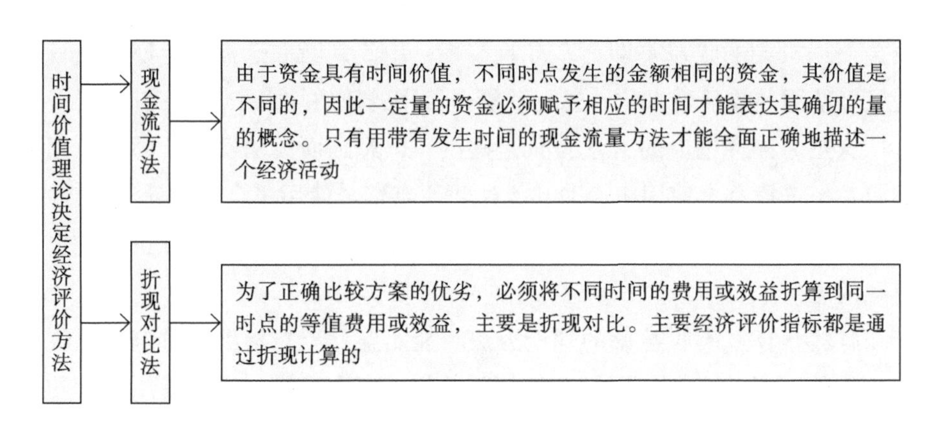

图 1-1　时间价值理论决定经济评价方法

四、投资机会成本理论

经济学认为，经济资源是稀缺的，当一个企业用一定的经济资源生产一定数量的产品时，这些资源就不能同时被使用在其他的生产用途上。这就是说，这个企业所获得的一定数量产品收入，是以放弃用同样的经济资源来生产其他产品时所能获得的收入作为代价的，这就产生了机会成本的概念。机会成本是指生产者所放弃的使用相同的生产要素在其他生产用途中所能得到的最高收入。

资金的机会成本，是指企业将有限的资金投入某用途获得收益时放弃用该资金投入其他用途所获得的收益。

资金具有机会成本，在资金使用中只有财务收益大于机会成本才能算有经济效益，从而在经济评价中产生基准收益率或企业目标收益率的概念。基准收益率或企业目标收益率视为资金的机会成本，作为经济评价的衡量标准：当资金的收益率大于基准收益率时，资金的使用才能算是有效益；当资金的收益率大于零但小于基准收益率时，资金的使用也不能算是有效益。

在企业有限的资金规模约束下，以及在全部的资金使用机会下，对每一笔资金使用机会可能获得收益进行测算并按收益率从大到小排列，并从收益率大的资金使用机会开始选择直至将有限的资金使用完，最后选择的资金使用机会的收益率即为基准收益率，用此判断并选择资金使用项目可使资金使用的收益最大化，每一项资金使用的效益均大于机会成本。

这是一种理论上的方法，只是提供一个思路而无法实施。因为在用基准收益率选择资金使用机会时，无法将所有资金使用机会全部列出并排序。如果能够列出所有资金使用机会并加以排序，基准收益率标准也就失去了存在的意义了。

虽然测算基准收益率的理论方法不能实施，但它指出了影响基准收益率水平的因素：资金使用机会的效益前景、资金规模。资金使用机会的效益前景越好，基准收益率就高，反之就小；资金规模小、资金紧张，为了更有效地使用资金，基准收益率就高，反之就小。

测算基准收益率的理论方法是基于有限资金使用效益最大化原则，但根据现代决策理论采用“满意”原则，提出基准收益率测算的两种方法：

（1）行业平均收益率法：对近期行业内资金使用的实际收益率进行调查，计算行业平均收益率作为企业基准收益率标准。

（2）资金成本法：根据企业有限资金来源情况和相应的筹措、使用成本，计算资金成本，作为企业资金使用的最低效益标准，结合企业资金使用机会的效益前景和资金规模适当调整后确定基准收益率标准。

机会成本理论决定了经济评价的标准，即基准收益率或企业目标收益率。

五、有无对比决策理论

经济评价是经济意义上的评价，是从经济学角度对投入产出进行评价。经济学的中心议题是资源的优化配置问题，即如何将有限的经济资源进行最佳配置。显然，经济学的目的是做优化配置，是最优决策问题，因此经济学的核心是决策，经济学服务于决策，经济评价就是为决策服务的评价。

决策是人们针对所要解决的问题，对未来活动所做的选择与决定，因此决策是面向未来的多种行动方案中的优化选择。经济评价是在决策前，采用现代分析方法，对投入产出进行计算和论证，比选最佳方案，作为决策的依据。

任何一项经济评价都是为某一决策服务，或任何一项经济评价都有为决策服务的背景，或任何一项经济评价都有为决策服务的含义，或任何一项经济评价都是从决策的角度去考量经济效益，否则称不上经济评价，或不能叫经济评价，而称为财务效益计算。

决策理论决定了经济评价的原则，包括未来性原则和相关性原则，如图 1-2 所示。

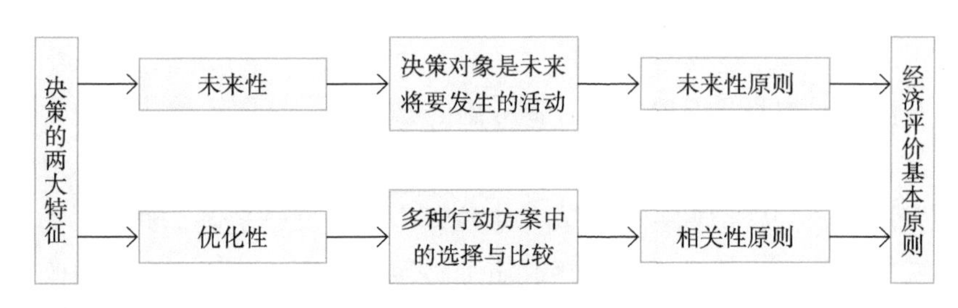

图 1-2 决策的两大特征

（1）未来性原则：只有尚未进行的活动才有选择的余地，才有决策活动，因此决策的对象是未来将要发生的活动，经济评价只应考虑未来的投入和产出才能反映决策的经济效益。成为历史的已经发生的活动，是以前决策的结果，未来的任何决策都无法改变已发生的结果，历史不能成为未来的包袱。

决策“面向未来”的特征要求经济评价现金流量只应考虑未来的现金流量，过去的成本费用如果不能变现，都不应该进入现金流量，过去的成本视为“沉没成本”。决策“面向未来”的特征决定了经济评价必须遵循“未来成本”原则。

（2）相关性原则：决策是对多方案的选择，选择就是比较。因此每个方案的经济效益评价必须只反映实施这一方案带来的投入产出变化，即决策成本和决策效益，不应考虑与决策无关的、不受决策影响的成本和效益，否则将失去方案间的可比性，只能误导决策。

决策“优化选择”的特征要求经济评价现金流量只应考虑与决策相关的现金流量，即由决策引起的现金流量，不相关的成本费用不应该进入现金流量。决策的“优化选择”特征决定了经济评价必须遵循“相关成本”原则。

第二节　海外油气合同模式

一、石油合同模式概述

石油工业本身具有高风险、高收益、国际性、高度政治化、合资经营等特征，跨国石油经营中石油公司需要以石油合同作为纽带联结东道国以确定资源国石油资源勘探和开发基本法律框架，反过来讲，资源国（东道国）政府需要通过石油合同实现其石油资源的开发战略规划和石油监管立法的立法目的。

一个石油合同可能包含以下参与者：资源国政府及政府机构（如财政局、税务局、能矿部、环保局、计委等）、资源国国家石油公司、国外石油公司（包括大石油公司、独立石油公司、合同方国家石油公司）、合同者（指通过招标或双向谈判，最终获得资源国政府招标区块许可证的一家或数家公司）、银行、培训机构。当然，具体合同类型不同，相应的合同参与者也会有比较大的区别。在石油合同的参与者中，资源国和石油公司无疑是最重要的两方。

海外油气合同模式主要是指油气资源国政府或资源国国家石油公司与外国政府或外国石油公司就油气资源国的油气勘探、开发、交易和消费等活动进行合作，在长期的实践过程中，逐步形成的较为固定的运作方式。在海外油气合作中，涉及各种各样的模式，并关系到多种法律关系。目前世界上主流的合同模式是租让制合同模式、产量分成合同模式以及服务合同模式。

二、租让制合同模式

租让制合同模式是世界石油勘探开发合作实践中最早使用的一种合同模式。租让制合同的主要内容是国家准予外国石油公司在一定的地区和时期内实施各种石油作业的权利，包括勘探、开发、生产、运输和销售等。资源国政府通常只征收矿区使用费和与油气作业有关的特种税费。

目前通行的现代租让制合同是政府通过招标，把待勘探开发的油气区块租让给石油公司，石油公司在一定期限内拥有区块专营权并支付矿区使用费和税收的一种制度。在这种合同模式下，资源国政府的收益主要来自租让权人交纳的税收和矿区使用费，因此现代租让制合同也被称作“税收和矿区使用费合同”，简称矿税制合同。在此合同模式下，石油公司拥有较大的经营自主权。美国是实行矿税制合同模式最具有代表性的国家。使用矿税制合同模式的国家还有加拿大、英国、挪威、法国、巴基斯坦、秘鲁、阿拉伯联合酋长国、巴布亚新几内亚等。

现代租让制合同的特点主要为以下四点：

（1）租让区面积缩小、时间缩短，增加了定期面积撤销规定。通常的做法是：将国家领土（包括近海区域）中准备开放的部分划分为区块，根据合同授予承租者的区域仅限于若干区块。近期的租让合同还规定，最初租让区域中的绝大部分要逐步撤销。租让期一般限定在 6 ～ 10 年内，分勘探期和生产期。如果租让期满时，有商业性的储量发现或油气生产，则按当时情况，可以根据双方议定的条款对合同延期。

（2）除矿区使用费外，资源国还收取石油公司所得税和各种定金。矿区使用费可随产量增长或价格上涨采用递增费率或滑动费率。定金则包括签约定金、发现定金、投产定金等。

（3）资源国政府对石油公司的控制加强，有权对外国石油公司的重大决策进行审查和监督。例如，资源国政府要求外国石油公司必须完成最低限度的勘探工作量，批准油气田开发计划和确定价格，检查外国石油公司的作业和财务记录等。

（4）在开发阶段资源国有权以较小比例参股。

现代租让制合同的优点在于强调了资源国对其油气资源的所有权和收益权的保护。现代租让制下的一些资源国，如英国、挪威和丹麦，也确立了允许国家在勘探和生产阶段控制合同者作业的管理系统。现代租让制合同确认了资源国在选择开发技术和自然资源消耗速度两方面的重要作用。租让制已从早期的租让类型演化到国家主权及对租让区全部作业实施监管为基础的协议。因此，现代租让制合同模式虽然仍具有租让制的名称，但在性质上已有根本性变化。

现代租让制合同不论其是否着重于矿区使用费或所得税，它最有利的一点是，资源国政府在经济获得上基本无风险，管理也比较简便。此外，如果采用竞争性招标，资源国还可以获得数额可观的定金或较多的矿区使用费以及较高的所得税。这种租让制的经济条款与其他类型合同的经济条款相比，更有利于资源国的政府收益的早期获得保证（图 1–3）。然而政府收益的早期获得保证也使得项目收益在资源国政府和合同者之间的合理分配难以得到保障。一方面，由于存在递减税性质极强的矿区使用费，会极大地抑制合同者的勘探积极性，特别是资源国的一些边际区块和油气潜力较差区域，项目合同者的勘探经济性在矿税制合同模式下面临较大的挑战；另一方面，对一些潜力巨大的油气资源项目，资源国所获得的政府收益比会因项目盈利水平的提高而降低。

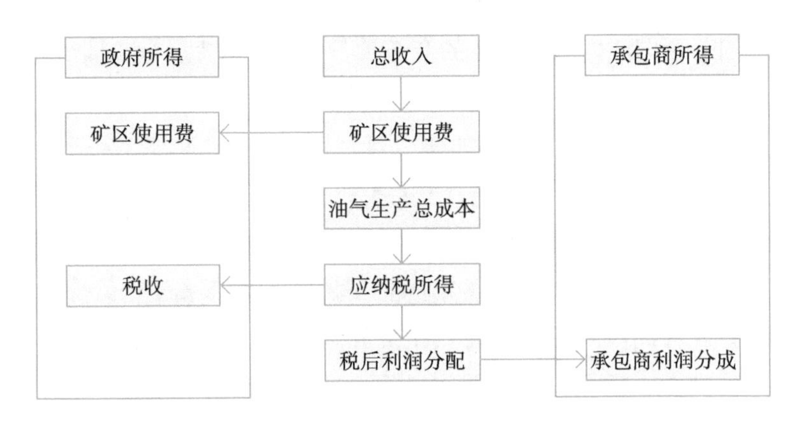

图 1-3 租让制合同收入分配流程图

三、产量分成合同模式

产量分成合同起源于 20 世纪 60 年代的印度尼西亚。世界上的第一个产量分成合同是 1966 年 8 月由 IIAPCO 公司与印度尼西亚国家石油公司签订的。之后，这种产量分成合同模式逐步被许多国家采用，现已成为国际上较通行的一种国际石油合作的合同模式。

产量分成合同是在资源国拥有石油资源所有权和专营权的前提下，外国石油公司承担勘探、开发和生产成本，并就产量分成与资源国政府（或资源国国家石油公司）签订的石油区块勘探开发合同。

一般来说，产量分成合同具有以下特点：

（1）资源国政府是资源的所有者，外国石油公司是合同者。合同者首先带资从事勘探，承担所有的勘探风险。

（2）如果没有商业发现，合同者承担所有的损失；如果有商业发现，合同者还要承担相应比例的开发和生产费用（如有政府参股或附股）。

（3）进入开发阶段，资源国国家石油公司代表政府参股、参与经营管理并对合同者进行监督。

（4）在扣除矿区使用费后，全部的产量分成成本油和利润油。成本油用于限额回收生产作业费和投资，利润油可以在国家和合同者之间按照合同规定进行分享，并交纳所得税。

（5）用于合同区内石油作业的全部设备和设施通常属资源国所有。

产量分成合同模式是目前世界上油气资源国政府采用最多的一种合同模式，采用的国家有中国、印度尼西亚、俄罗斯、阿尔及利亚、利比亚、伊拉克、埃及、安哥拉、法国、印度、土库曼斯坦、厄瓜多尔、哈萨克斯坦、赤道几内亚、阿塞拜疆等。印度尼西亚的第一份油气合同、厄瓜多尔的标准参股合同、阿尔及利亚以 R 因素为基础的利润分成合同都属于产量分成合同。

产量分成合同模式的最大特点是资源国拥有资源的所有权和与所有权相应的经济利益。勘探开发的最初风险由合同者承担，但是一旦有油气商业发现，就可以收回成本，并与资源国一起分享利润油。这是对外国石油公司来说最有吸引力的地方。

产量分成合同模式的优点在于较好地处理了资源国政府和合同者之间针对油气勘探开发与生产过程中的风险、控制和利润分成关系（图 1-4）。产量分成合同为项目合同双方提供了必要的适应性和灵活性，资源国政府在法律上保留完整的管理权，但实际日常业务中石油公司行使控制权。这种灵活性便于资源国政府在保证合同者获得公平回报率基础上设计产量分配框架，进而使资源国政府的收入份额能随着油价上升而增长。更为重要的是，合同双方都有机会获得原油，且资源国政府和合同者都可以从中找到令双方满意的安排。

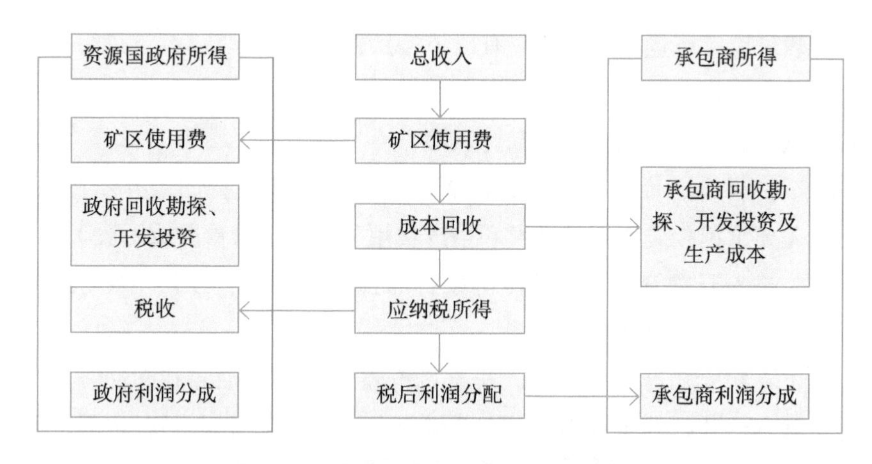

图 1-4　产量分成合同收入分配流程图

产量分成合同模式的缺点在于产量分成合同框架和内容较为复杂多变，双方需要通过谈判确定的因素较多，而这往往使合同者收益的实现面临诸多不确定性，同时合同实施过程中所要求的技巧性较高。

四、服务合同模式

服务合同最早出现在拉丁美洲的产油国并在南美洲流行。根据合同者所得的计费依据是否承担勘探开发的服务风险，服务合同分为单纯服务合同和风险服务合同两种。在实际的国际石油勘探开发合作中，服务合同模式有很多具体的种类和差别。

1. 风险服务公司

风险服务合同（RSC）于1966年开始在伊朗采用。它的基本模式是合同者提供全部资本，并承担全部勘探和开发风险。如果没有商业发现，合同者承担所有的投资风险。如果勘探获得商业发现，作为回报，政府允许合同者通过出售油气回收成本，并获得一笔服务报酬。合同者不参加产量分成，全部的产量属于资源国政府。合同者报酬既可以用现金支付，也可以用产品支付。风险服务合同在拉丁美洲（阿根廷、巴西、智利、厄瓜多尔、秘鲁、委内瑞拉）被广泛采用。菲律宾、伊朗、伊拉克等国也采用此类合同。

风险服务合同模式的基本特点有以下四点：

（1）资源国国家石油公司享有对合同区块的专营权和产出原油的支配权，外国石油公司只是一个纯粹的作业合同者。

（2）合同者承担所有勘探风险。合同者承担最低义务工作量和投资额要求，并提供与油气资源勘探开发有关的全部资本。如果没有商业发现，合同者承担的全部风险资本沉没；如果获得商业发现，合同者还要承担开发和生产费用。

（3）合同者报酬以服务费的形式获得。油田投产后，资源国通过出售油气在合同规定的期限内偿还合同者的投资费用，并按照约定的投资报酬率向合同者支付一笔酬金作为风险服务费。有的服务合同还允许合同者按照市场价购买一部分油气产品，即用产品支付；有的国家则采用控制合同者项目投资盈利率的办法。合同者取得的酬金（服务费）一般要纳税。

（4）在勘探开发中，合同者所建、所购置的资产归资源国所有。

风险服务合同与产量分成合同的主要差别有两点。一是对合同者付酬的性质不同。在服务合同下，合同者获得的报酬是按合同约定的报酬率确定的“服务费”，尽管有时也可以用产品来支付报酬。而在产量分成合同模式下，合同者获得的投资报酬是“利润油”分成，合同者可以分享油气储量资源的潜在收益。二是服务合同更强调资源国国家石油公司对合同区块的专营权和产出原油的支配权。而在产量分成合同模式中，合同者在原油投产、达到预定产量时享有对分成油的所有。

风险服务合同对不同主体来说优缺点鲜明。风险服务合同对资源国政府来说是有利的，但对合同者来说是风险很大的一种合同模式。合同者被要求承担全部的勘探风险，但是获得的收益却相对固定，与其承担的风险不对称。这类合同对外国石油公司的鼓励不太大。因此，迄今为止这类合同只有在世界上一些勘探风险相对小或很可能找到规模较大油气田的地区才被采用。因为在这些地区，例如伊朗、尼日利亚和巴西等，国外石油公司有获得与其承担的风险相对应的较大收益的可能。

2. 单纯服务合同

单纯服务合同又称无风险服务合同或技术服务合同（TSC），它由资源国出资，雇用外国石油公司承担全部的勘探或开发工作提供技术服务并支付服务费，所有风险均由资源国承担，任何发现都归资源国国家所有。单纯服务合同在国际石油合同中相当少见，中东各国由于资金充裕而经验和技术缺乏，所以这一合同类型在中东地区个别国家采用。

这类合同项目一般发生在开发阶段，比较适合较小的公司投资，它为石油公司提供了发挥技术专长的低风险机会。尽管风险已减小，但提高采收率项目仍需要仔细筛选。有些国家油气区块和盆地的储量资源已近枯竭，如美国某些油田；有些国家可能由于缺乏资金和政治等其他原因造成现有油田产量锐减或暂时中断，如前苏联地区和中亚地区。这些国家和地区油气田复产的潜力还是很大的。由于风险下降，一般合同者在技术服务合同中得到的收益较低（图 1-5）。

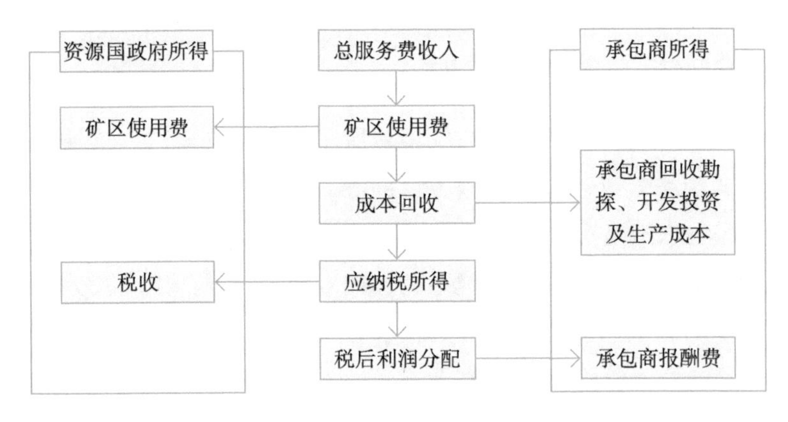

图 1-5 服务合同收入分配流程图

第三节 海外油气勘探开发经济评价主要内容

一、经济评价范围、依据及方法

经济评价的范围主要是建立在单井、某油气田或者某区块基础上，针对地质和油气藏工程设计的范围进行的。经济评价的依据一般包括资源国政策与法规、合同模式和财税条款、油气购销协议、油公司制定的投资项目经济评价参数、地质开发工程的方案设计和钻采工程、地面工程的投资估算等。经济评价方法一般考虑折现现金流法，从合同全周期角度、新增投资角度计算相关利益方的现金流、净现值、内部收益率以及投资回收期等经济指标。

经济评价是一个复杂而系统的过程，需要综合考虑多个方面的因素。在进行经济评价时，应明确评价范围、依据和方法，确保评价的准确性和科学性；同时，还应结合项目的实际情况和市场需求，灵活运用各种评价方法，为项目的决策提供有力支持。

二、合同模式、财税条款分析

（1）需要识别并分析海外油气项目所采用的合同模式，这通常包括租让制合同、产品分成合同以及服务合同等。每种合同模式都有其特定的权益分配、风险承担以及收益机制。

（2）详细解读合同中的关键条款，如勘探、开发、生产及分配的权责划分，成本回收机制，以及可能的税收和费用支付条款等。这些条款直接影响到项目的经济效益和财务状况。

（3）分析合同模式对各方权益的影响，包括石油公司、资源国政府以及其他可能的合作方。同时，评估合同模式带来的潜在风险，如政策风险、市场风险等，并提出相应的风险应对措施。

海外油气合同模式和财税条款分析是一个复杂而重要的过程，需要综合考虑合同模式、财税政策以及经济效益等多个方面，以确保项目的顺利实施和收益最大化。

三、经济评价主要参数选取

海外油气项目经济评价主要参数选取的内容涉及多个方面，这些参数对于准确评估项目的经济效益和可行性至关重要。

1. 储量参数

油气田的价值主要取决于其储量的大小、丰度和质量，因此，储量参数是经济评价的基础，包括地质储量、原始可采储量和剩余可采储量等。储量评估方法可分为静态法和动态法，具体方法的选择取决于项目的特性和评估需求。

2. 产量参数

预计的产量是经济评价的核心，包括年产量、累计产量以及产量增长或衰减曲线等。产量的预测需要考虑地质条件、开采技术、市场需求等多个因素。

3. 价格参数

油气价格是影响项目经济效益的关键因素。经济评价需要考虑油气价格的波动以及预测未来价格走势。此外，不同国家和地区的油气价格可能存在差异，因此还需要考虑地区价格因素。

4. 投资成本参数

投资成本参数包括勘探投资、开发投资、生产成本以及操作成本等。这些成本的准确估算对于评估项目的盈利能力至关重要。同时，还需要考虑成本随时间的变化趋势以及成本控制策略。

5. 税费参数

不同国家和地区的税费政策存在较大差异，这直接影响项目的经济效益。因此，经济评价需要详细考虑项目所在国的税费政策，包括所得税、资源税、关税等。

6. 汇率与利率参数

对于涉及跨境投资的海外油气项目，汇率和利率的变动可能对项目经济效益产生显著影响。因此，经济评价需要预测并考虑汇率和利率的变动趋势。

7. 折现率

折现率用于将未来的收益或成本折算为现值，以便进行跨期比较。折现率的选择应基于项目的风险水平和资金成本。

在选取这些参数时，需要综合考虑项目的实际情况、市场需求、技术进步、政策环境等多个因素，同时，还需要注意参数的合理性和可靠性，以确保经济评价的准确性和有效性。此外，随着项目的进展和市场环境的变化，这些参数可能需要进行动态调整。

四、投资估算

油气投资估算的主要内容涉及对拟建油气田工程建设期、运营期的油气固定资产投资的全面估算。海外油气项目投资估算从勘探开发程序划分为勘探投资、开发投资。勘探投资一般包括物探工程投资和勘探井工程投资。开发投资一般包括开发钻井投资、采油气工程投资、地面工程投资。物探工程投资估算根据工作量法进行估算；钻井工程主要包括钻前、钻井、录井、测井、固井、试油（气）等单项工程，故采用详细分类估算法；采油气工程主要包括修井机作业、地面测试作业、钢丝测试作业、压裂酸化施工、完井作业等，故也采用详细分类估算法；地面工程主要包括集输工程、注水工程和配套工程，在进行地面投资估算时，根据项目实际要求，可采用扩大指标法、规模指数法以及详细工程量法。

在进行投资估算时，还需要考虑多种影响因素，如时间风险因素和通货膨胀因素。这些因素对投资估算的准确性和可行性具有重要影响，因此需要在估算过程中予以充分考虑。

五、资金来源与融资方案

资金来源与融资方案是项目或企业发展的重要组成部分，它们为项目的实施和企业的运营提供了必要的资金支持。

资金来源包括自有资金和吸收资金。自有资金是企业自身的资金积累，包括企业创立时的原始资本、经营过程中的积累以及未分配利润等。这部分资金具有自主性，不需要向外部机构借款，降低了融资风险。吸收资金也称“借入资金”，主要包括企业向国家银行的借款及结算过程中形成的应付未付款等。这种资金来源方式相对灵活，但会增加企业的债务负担。

融资方案主要包括融资主体、融资渠道、融资结构和还款计划。融资主体应根据项目的规模、行业特点、与既有法人资产和经营活动的联系、既有法人财务状况以及项目自身的盈利能力等因素确定的，这有助于顺利筹措资金和降低债务偿还风险。融资渠道应根据项目需求和市场环境选择的，常见的融资渠道包括银行贷款、发债、资产证券化、股权融资等。每种渠道都有其特点和适用场景，需要根据项目实际情况进行选择。融资结构应根据项目需求、资金来源和融资成本等因素合理安排，包括确定各种融资方式的比例、期限和利率等，以优化融资成本和风险。还款计划应根据项目预期收益和现金流情况制定，有助于确保项目能够按时偿还债务，维护企业的信用记录。

资金来源与融资方案是项目或企业发展的重要保障。在制定融资方案时，需要充分考虑项目需求、市场环境、融资成本和风险等因素，选择最合适的融资方式和结构，以确保项目的顺利实施和企业的稳健发展。

六、生产成本费用估算

1. 操作成本

操作成本也称作业成本，指在油气生产过程中操作并维持井及有关设备和设施发生的成本总支出，对应生产作业过程操作成本主要包括采出作业费、驱油物注入费、稠油热采费、油气处理费、轻烃回收费、井下作业费、测井试井费、天然气净化费、维护及修理费、运输费、其他辅助作业费和厂矿管理费等项目，对油气单位操作成本进行成本结构、成本水平以及成本变化趋势分析，单位成本按照商品量计算，并据此编制“油气操作成本估算表”，具体项目应结合开采方式、经济评价范围等实际情况选取成本项目。

油气操作成本估算可采用相关因素法，即根据驱动各项操作成本变动的因素以及相应的费用定额估算操作成本。成本动因包括采油气井数、总生产井数、产液量、产油气量等，费用定额的取定应参考同类区块或相似区块的操作成本数据，并综合考虑开发区块的位置、开采方式、地面工艺流程、油气藏物性和单井产量等因素。有条件的可采用设计成本法，即根据每项成本的预测消耗量和相应的价格进行估算。

2. 折旧折耗

折旧折耗是指为了补偿油气资产在生产过程中的价值损耗而提取的补偿费用。海外油气项目应依据资源国相关法律法规以及具体区块（油气田）财税条款来决定计算方法。

3. 期间费用

期间费用是指企业日常活动发生的不能计入特定核算对象的成本，而应计入发生当期损益的费用，它是企业日常活动中所发生的经济利益的流出。在海外油气项目中，期间费用主要由管理费用、财务费用、销售费用三部分构成。

管理费用是指分摊到作业方的上级管理部门所发生的各项费用。这部分费用主要根据石油合同财税条款的规定进行估算。

财务费用指项目筹集资金在运营期间所发生的费用，包括利息支出和其他财务费用。与投资有关的利息费用按照项目实际需求，考虑贷款额度和利率进行估算。

销售费用即营业费用，是指企业销售产品过程中发生的费用，包括运输费、装卸费、包装费等，以及为销售本单位商品而专设的销售机构的业务费、职工薪酬、信息系统维护费等经营费用。海外油气项目的营业费用一般是指油气产品运输到销售地点发生的费用，通常情况下按照营业收入的一定比例估算。

4. 弃置费用

海外油气项目弃置费是指在油气设施终止生产时，按照环保要求，对相关设施进行移除、处置或再利用所产生的费用，包括井及相关设施的废弃、拆移、填埋等恢复生态环境及其前期准备等各项专项支出。估算海外油气项目弃置费的方法主要有以下几种：

（1）粗略法：通过单位生产能力、单井、单桶油弃置费等方式，粗略估算整个项目的弃置费。这种方法适用于预可行性研究以前的阶段，能提供一个大致的费用预期。

（2）指标法：根据初步弃置方案中的弃置工程量，结合弃置成本指标来估算弃置费。这种方法在可行性研究或总体开发方案编制阶段较为适用。

（3）概算指标法：通过详细的弃置方案工程量，结合概算定额或指标来估算弃置费。这种方法在基本设计和项目实施阶段更为适用，因为它能提供更为精确的费用预测。

需注意的是，由于海外油气项目收并购阶段可能存在资料少、时间紧的问题，无法按照上述流程进行弃置费估算。在这种情况下，可能需要根据项目不同情况，结合经验进行估算。

此外，弃置费用作为成本费用的一部分，将参与项目各个阶段的经济评价。对于正在建设和生产的海外油气田，企业应每年动态更新其弃置费用，其估算的准确性将直接影响项目的决策质量。

5. 税费

了解项目所在国的税法体系和税收政策是税费估算的基础。这包括公司所得税、增值税、关税、预提税、附加利润税等各类税种的税率、征收方式以及优惠政策等。同时，还需要关注税法变动和更新，以确保估算的准确性和时效性。

根据项目的具体情况，确定适用的税费种类和税率。这需要考虑项目的投资规模、生产规模、油气品种、产量等因素。例如，资源税通常根据油气产量和单位税额来计算；环境保护税则可能根据排放物种类和排放量来确定税额。

在进行税费计算时，除了计算各项税费的具体金额，还要考虑税收优惠政策对税费的影响，以确保数据的准确性和完整性，避免漏算或重复计算。

此外，税费估算还需要考虑税务风险。这包括了解项目所在国的税务法规遵从性要求，以及可能存在的税务争议和诉讼风险。为此，建议与当地的税务咨询机构或律师进行合作，确保税费估算的合规性。

根据税费估算结果，企业可以制定相应的税务策略和计划。例如，通过优化投资结构、调整生产规模或寻求税收优惠政策等方式，降低税费负担，提高项目的经济效益。

七、财务分析

财务分析是指在项目财务分析的基础上，计算经济评价指标，分析评价项目的盈利能力、偿债能力，明确项目对公司的价值贡献，为项目决策、融资决策或银行审贷提供依据。

财务分析分为融资前分析和融资后分析。一般先进行融资前分析，在融资前分析结论满足要求的情况下，根据初步设定的融资方案，再进行融资后分析。在海外油气投资项目规划和初步开发方案阶段，可只进行融资前分析。

1. 盈利能力分析

盈利能力分析主要是参考项目投资的盈利水平，主要指标包括财务内部收益率、财务净现值、投资回收期、累计净现金流、累计最大负现金流等，可根据项目的特点及财务分析的目的、要求等选用。

1）财务内部收益率

财务内部收益率（FIRR）是指项目在计算期内各年净现金流量现值累计等于零时的折现率，是主要的动态评价指标。其表达式为：

$$\sum_{t=1}^{n}(\mathrm{CI}-\mathrm{CO})_t(1+\mathrm{FIRR})^{-1}=0$$

式中　CI——现金流入量；

CO——现金流出量；

（CI−CO）$_t$——第 t 期的净现金流量；

n——项目计算期。

当财务内部收益率大于或等于进准收益率（i_c）时，项目方案在财务上可考虑接受。

2）财务净现值

财务净现值（FNPV）是按设定的折现率计算的项目计算期内净现金流量的现值之和，计算公式如下：

$$\mathrm{FNPV}=\sum_{t=1}^{n}(\mathrm{CI}-\mathrm{CO})_t(1+i_c)^{-1}$$

式中　i_c——设定的折现率（基准收益率）。

在设定的折现率下计算的财务净现值等于或大于零（FNPV ≥ 0），项目方案在财务上可考虑接受。

3）投资回收期

投资回收期（T_P）是指以项目的净收益回收项目投资所需要的时间，一般以年为单位，应从项目建设开始年算起；若从项目投产开始年份算起，应予以特别说明。

项目投资回收期可利用项目投资财务现金流量表计算，项目投资财务现金流量表中累计净现金流量由负值变为零时的时点，计为项目的投资回收期。计算公式如下：

$$T_P=(T-1)+\frac{\text{第 }T-1\text{ 年的累计净现金流量的绝对值}}{\text{第 }T\text{ 年的净现金流量}}$$

式中　T——各年累计净现金流量首次为正值或零的年数。

投资回收期越短，表明项目投资越快，抗风险能力越强。

4）累计净现金流

累计净现金流是指在一定时期内，将各期净现金流量的数值逐年相加的总和。净现金流量是现金流量表中的一个指标，它表示一定时期内现金及现金等价物的流入（收入）减去流出（支出）的余额（净收入或净支出），反映了企业本期内净增加或净减少的现金及现金等价数额。

海外油气项目合同期累计净现金流是指油气项目合同期内各年净现金流的合计值。它充分体现了资金在油气项目中产出的经济效益，并客观反映了油气项目创造的价值规模。

累计净现金流的表征意义在于：

（1）体现项目的经济效益：通过累计净现金流，可以观察并分析项目在整个合同期或评价期内的资金流动情况，从而判断项目的经济效益。

（2）反映项目的资金压力：当累计净现金流为负值时，表示项目在该期间存在资金压力；而最小值的累计净现金流（即最大负现金流）则体现了项目的最大资金需求量，是项目融资安排的重要依据。

（3）指导融资规划：累计净现金流为正，表示项目在该阶段有资金盈余，代表了项目累计可动用的资金量，为项目的融资规划提供了重要依据。

5）累计最大负现金流

累计最大负现金流是指在特定时间段内，项目或企业所经历的最大资金流出超过资金流入的累计金额。它反映了项目或企业在该期间面临的最大资金压力，通常用于评估项目的财务风险和资金需求。

累计最大负现金流的表征意义主要体现在以下几个方面：

（1）财务风险评估：累计最大负现金流是评估项目或企业财务风险的重要指标。当该值较高时，意味着项目或企业在某一时段内面临巨大的资金缺口，可能导致流动性紧张甚至资金链断裂的风险。

（2）资金需求预测：通过累计最大负现金流，可以预测项目或企业在运营过程中可能需要的最大资金量。这对于制定融资计划、安排资金调度以及确保项目的顺利进行至关重要。

（3）融资决策依据：累计最大负现金流为投资者和金融机构提供了决策依据。投资者可以根据该指标判断项目的资金需求和风险水平，从而决定是否投资或提供贷款。金融机构则可以根据该指标制定合适的融资方案，以满足项目或企业的资金需求。

（4）项目管理优化：通过分析累计最大负现金流的成因，项目管理者可以找出导致资金压力的关键因素，进而优化项目管理策略，降低财务风险。

2. 偿债能力分析

借款偿还期是指在项目具体财务条件下，以项目投产后可用于还款的资金偿还固定资产投资借款本金和建设期利息的时间。偿还期满足贷款机构的要求期限时，即认为项目是有借款偿债能力的，主要指标包括利息备付率、偿债备付率和资产负债率。

1）利息备付率

利息备付率（ICR）是指项目在借款偿还期内各年可用于支付利息的息税前利润（EBIT）与当期应付利息费用（PI）的比值。计算公式如下：

$$ICR=(EBIT/PI)\times 100\%$$

通常情况下，ICR＞1，表示企业有偿还利息的能力；ICR＜1，表示企业没有足够的资金支付利息，偿债风险很大。

2）偿债备付率

偿债备付率（DSCR）是指项目在借款偿还期内，各年可用于还本付息的资金与当期应还本付息金额的比值，表示可用于还本付息的资金偿还借款本息的保障程度。计算公式如下：

$$DSCR=(EBITDA-TAX)/PD\times 100\%$$

式中　EBITDA——息税前利润加折耗和摊销；

TAX——所得税；

PD——应还本付息金额。

偿债备付率一般情况下应大于1。当偿债备付率小于1时，表示当年资金来源不足以偿付当期债务，需要通过短期借款偿付已到期债务。偿债备付率可以按年计算，也可以按整个借款期计算。

3）资产负债率

资产负债率（LOAR）是指公司期末的负债总额同资产总额的比率，表示公司总资产中有多少是通过负债筹集的。该指标是评价公司负债水平的综合指标，同时也是衡量公司利用债权人资金进行经营活动能力的指标，反映企业资产对债权人权益的保障程度，也反映债权人发放贷款的安全程度。资产负债率越低（50%以下），表明企业的偿债能力越强。如果资产负债比率达到100%或超过100%，说明公司已经没有净资产或资不抵债。计算公式如下：

$$LOAR = TL/TA \times 100\%$$

式中 TL——期末负债总额，指公司承担的各项负债的总和；

TA——期末资产总额，指公司拥有的各项资产的总和。

对资产负债率的分析，要看站在谁的立场上。

（1）从债权人的立场看，债务比率越低越好，企业偿债有保证，贷款不会有太大风险。

（2）从股东的立场看，由于企业通过举债筹措的资金与股东提供的资金在经营中发挥同样的作用，所以，股东所关心的是全部资本利润率是否超过借入款项的利率，即借入资本的代价。在企业所得的全部资本利润率超过因借款而支付的利息率时，股东所得到的利润就会加大；相反，运用全部资本所得的利润率低于借款利息率，则对股东不利，因为借入资本多余的利息要用股东所得的利润份额来弥补。因此，从股东的立场看，在全部资本利润率高于借款利息率时，负债比例越大越好；否则相反。

（3）从经营者的立场看，如果举债很大，超出债权人心理承受程度，企业就借不到钱；如果企业不举债，或负债比例很小，说明企业畏缩不前，对前途信心不足，利用债权人资本进行经营活动的能力很差。

（4）从财务管理的角度来看，企业应当审时度势，全面考虑，在利用资产负债率制定借入资本决策时，必须充分估计预期的利润和增加的风险，在两者之间权衡利害得失，做出正确决策。

八、不确定性分析

不确定性分析是指在进行技术经济效益分析的基础上，用估计可能出现的不确定因素的变动来调整预测数据，在误差允许的范围内分析其变动对拟建项目预期目标的影响程度以及项目对不利变化的承受能力。海外油气项目经济评价的不确定性分析包括敏感性分析、情景分析和风险分析。

1. 敏感性分析

敏感性分析是一种在海外油气投资项目经济评价中常用的不确定性分析方法。其主要目的是从多个不确定性因素中找出对投资项目经济效益指标有重要影响的敏感性因素，并分析这些因素对经济效益指标的影响程度和敏感性程度，从而判断项目承受风险的能力。

在敏感性分析中，若某参数的小幅度变化能导致经济效益指标的较大变化，则称此参数为敏感性因素；反之，称其为非敏感性因素。敏感性分析实质上是通过逐一改变相关变量数值的方法来解释关键指标受这些因素变动影响大小的规律。

敏感性分析主要关注那些影响较大的、重要的不确定因素。这些因素的选取通常结合行业和项目特点，并参考类似项目的经验进行。可能的不确定因素包括投资、价格、操作成本、产量等，根据项目的具体情况也可选择其他因素。此外，敏感性分析通常针对不确定因素的不利变化进行，但有时为了绘制敏感性分析图，也会考虑不确定因素的有利变化。在分析过程中，习惯上常选取 ±10% 作为不确定因素的变化程度。

敏感性分析的基本分析指标包括内部收益率或净现值，但根据项目的实际情况，也可以选择其他评价指标。这种分析方法的主要缺点在于每次只允许一个因素发生变化，而假定其他因素不变，这与实际情况可能有所不符。

敏感性分析是一种有效的风险评估工具，有助于决策者更全面地了解项目面临的风险，并制定相应的风险应对策略。

2. 情景分析

情景分析是一种综合性的研究方法，旨在深入剖析不同情景下海外油气项目的经济效益和风险。这种分析方法不仅关注项目的直接经济指标，还考虑政治、环境、市场等多方面的因素，从而为决策者提供全面的决策支持。

在进行海外油气经济评价情景分析时，首先需要识别并定义关键的问题和目标。这可能涉及确定项目的主要风险点、预期的经济收益以及可能面临的市场挑战等。然后，收集与项目相关的各种信息，包括地质数据、市场趋势、政治环境等，以便对项目的各个方面进行深入了解。

接下来，基于收集到的信息，构建不同的情景模型。这些模型可以反映不同的市场条件、政策环境、技术进步等因素对项目经济效益的影响。例如，可以构建高油价情景、低油价情景、政策变动情景等，以评估项目在不同情况下的表现。

在每个情景下，进行详细的经济评价。这通常包括计算项目的净现值、内部收益率、投资回收期等指标，以及进行敏感性分析和盈亏平衡分析。这些分析有助于了解项目在不同情景下的盈利能力和风险水平。

最后，综合比较不同情景下的评价结果，确定项目的整体经济可行性。同时，根据情景分析的结果，制定相应的风险应对策略和决策方案。

需要注意的是，海外油气经济评价情景分析需要综合运用多种方法和工具。同时，由于海外油气项目涉及的政治、经济、文化等因素复杂多变，因此在进行情景分析时，需要保持灵活性和适应性，不断调整并完善分析模型和方法。

海外油气经济评价情景分析是一种有效的决策支持工具，能够帮助决策者更全面地了解项目的经济效益和风险，从而做出更加明智的决策。

3. 风险分析

风险分析是采用定性与定量相结合的方法，分析风险因素发生的可能性及给项目带来经济损失的程度，其分析过程包括风险识别、风险估计、风险评价与风险应对。海外油气项目风险分析主要从以下几个方面入手：

（1）政治风险：作为国家战略物资，石油往往与政治紧密相关。海外油气项目面临的主要政治风险包括征收、战争、恐怖行为、汇兑限制和违约风险等。这些风险可能导致项目损失甚至失败。传统能源行业和制造行业的企业在海外投资时尤其容易受到这些风险的影响。此外，一部分发展中国家和政治体制转轨国家的违约风险也较为突出，这主要源于政府更迭后对新政策执行的不确定性。

（2）经济风险：经济风险主要涉及市场供需变化、价格波动以及汇率变动等因素。国际原油价格和国际货币变动对项目效益的影响最大。油价波动会直接影响油气项目的销售收入和投资成本，而汇率变化则可能影响项目的现金流，包括投资成本、生产费用、销售及债务偿还等。

（3）技术风险：技术风险主要包括地质勘探风险、开采技术风险以及生产过程中的技术难题。地质勘探风险与油气资源的分布、储量和可采性有关，而开采技术风险则涉及开采方法的选择、开采效率以及环境影响等。通过采用先进的地震勘探技术和提高数据精度，可以降低地质风险。

（4）法律风险：法律风险主要源于资源国的法律法规变化以及合同执行的不确定性。在项目实施前，应详细了解资源国的对外资立法形式和立法内容，并进行深入分析和研究，以确保在法律允许范围内进行投资。

（5）资源国风险：资源国风险涵盖了资源国的政治经济稳定性、商业环境和法律风险。这些因素在项目期间可能发生变动，对项目的正常运行产生影响。

为了降低这些风险，可以采取多种策略，如与资源国政府进行谈判并达成协议以获得法律保障，采用先进科学技术提高勘探和开发的成功率，通过合理的途径保护自身权益。

每个海外油气项目都有其独特的风险和挑战，因此风险分析应基于具体项目的特点和环境进行。同时，对于投资者和企业来说，建立全面的风险管理体系和应急预案，保持对市场和环境变化的敏锐洞察，都是降低风险和提高项目成功率的关键。

第四节　海外油气勘探开发经济评价主要方法

目前海外油气勘探开发项目经济评价所采用的主要方法是贴现现金流量法。在技术经济分析中，常把被评价的项目视为一个独立的经济系统。

现金流量是指某一系统在一定时期内流入和流出该系统的现金量。现金流量有正负之分。通常，流入系统的资金收入叫现金流入量，简称为现金流入（正），主要包括生产经营期间销售产品的销售收入、期末回收的固定资产余值和流动资金；流出系统的资金支出叫现金流出量，简称为现金流出（负），主要包括建设期间建设投资、生产经营成本、销售税金及附加、所得税等；某一时期内现金流入量与现金流出量的代数之和称为净现金流量。现金流入量、现金流出量和净现金流量统称为现金流量或现金流。

为了评价项目的经济效益，常借助现金流量图和现金流量表进行分析，本节简要介绍现金流量图。

如图 1-6 所示，现金流量图是表示项目系统在整个寿命期内各时间点的现金流入与现金流出状况的示意图。

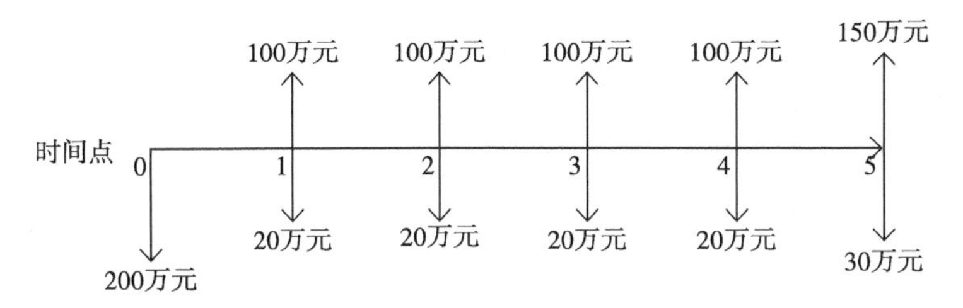

图 1-6　现金流量图

由图 1-6 可知，全寿命周期的净现金流 =-200+（100-20）+（100-20）+（100-20）+（100-20）+（150-30）=240（万元）。

由于海外油气勘探开发经济评价受合同模式和财税条款的限制，故不同合同模式和财税条款现金流的计算方法不相同。另外，从不同的评价角度（项目、合同者、资源国政府），现金流的计算方法也不相同。故以下为 3 种不同合同模式、3 种不同评价角度的现金流计算方法。

一、矿税制合同现金流的计算方法

项目现金流入：为项目的销售收入。

项目现金流出：包括勘探开发投资、矿区使用费、操作费、管理费、弃置费、其他费用及税费。

合同者现金流量计算：与项目现金流量计算过程和原理相同。

资源国政府现金流计算：现金流入主要是矿区使用费和税费，无现金流出。

二、产品分成合同现金流的计算方法

项目现金流入：为项目的销售收入。

项目现金流出：包括勘探开发投资、矿区使用费、操作费、管理费、弃置费、其他费用及税费。

合同者现金流入：包括勘探开发投资回收、操作成本回收、其他费用回收和合同者利润油气分成。

合同者现金流出：包括勘探开发投资、矿区使用费、操作费、管理费、弃置费、其他费用及税费。

资源国政府现金流计算：现金流入主要包括矿区使用费、政府利润油气分成以及其他，无现金流出。

三、服务合同现金流的计算方法

项目现金流入：为项目的销售收入。

项目现金流出：包括勘探开发投资、矿区使用费、操作费、管理费、弃置费、其他费用及税费。

合同者现金流入：包括勘探开发投资回收、操作成本回收、其他费用回收合同者的报酬。

合同者现金流出：包括勘探开发投资、矿区使用费、操作费、管理费、弃置费、其他费用及税费。

资源国政府现金流的计算：现金流入为总的销售收入，现金流出为支付给合同者的报酬费用。

第五节　海外油气勘探开发经济评价流程和指标

一、海外油气勘探开发经济评价流程

第一步，输入现有方案的各项已有经济参数资料。

第二步，初步定量评价。这一阶段站在整个项目的角度，先不考虑税金和矿区使用费，只考察项目的盈利能力。项目盈利能力状况是：是否进行投资参股、采取何种合作方式及下一阶段合同条款谈判的依据。

这一阶段包括根据资源国政府（或资源国国家石油公司）发布的区块招标信息及历史资料情况进行初步的勘探及开发评价，对未来市场情况进行预测，估计项目现金流情况并进行项目经济效益的初步定量评价，筛除不可行项目机会及勘探、开发方案。

第三步，详细财务评价。这一阶段站在合作者的角度，考虑应交的税金、管理费、合同费用及矿区使用费、资源所有者（或油田）的干股分成等，评价项目对合作者的效益大小，计算出详细的财务评价指标并投资决策。

海外油气项目经济评价流程见图 1–7。

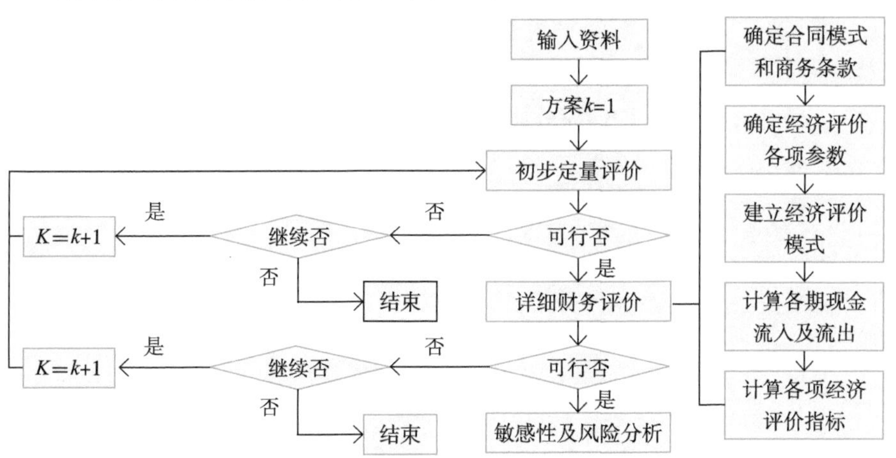

图 1–7　海外油气项目经济评价流程

在进行海外油气勘探开发经济评价时，必然会计算一系列经济指标，通过归纳总结，可以得出五类主要的经济指标体系：投资类、收入类、费用类、税费类、评价结果类。

二、海外油气勘探开发经济评价指标体系

海外油气项目经济评价的指标体系见图 1-8。

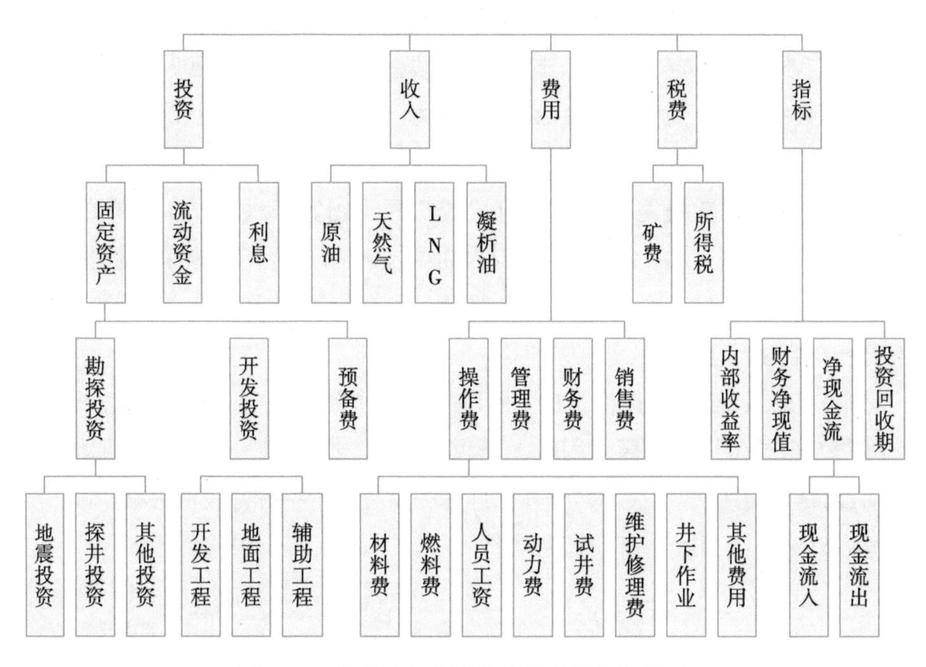

图 1-8　海外油气项目经济评价的指标体系

第二章
海外油气勘探项目经济评价关键技术与实践

第一节　海外油气勘探项目经济评价关键技术

一、概述

海外油气勘探项目是指跨国石油公司或联合体在目标国家或地区进行的油气资源勘探活动。这些活动通常包括地质调查、地球物理勘探、钻井测试等一系列技术手段，旨在发现新的油气藏或评估现有油气资源的潜力和开发价值。

海外油气勘探项目涉及多个环节，从地质勘探、油气发现、储量评估，再到最终的开发方案制定和生产运营，整个过程需要高度的专业知识、先进的技术支持、大量的资金投入以及跨国合作与协调。

由于海外油气勘探项目通常面临复杂的地质条件、多变的政治环境、严格的法规限制以及高昂的运营成本，因此其风险性也相对较高。然而，一旦成功发现并开发出大量的油气资源，将带来巨大的经济收益和能源安全保障。

随着全球能源转型的加速推进，海外油气勘探项目也在逐渐适应新的发展趋势。一方面，传统油气资源的勘探开发将继续进行，以满足当前和未来的能源需求；另一方面，新能源和清洁能源的开发利用也将成为重要的探索方向。因此，海外油气勘探项目需要不断创新和转型，以适应全球能源市场的变化和发展。

二、主要特征

（1）国际性：海外油气勘探项目涉及多个国家和地区，需要遵守不同国家的法律法规和行业标准。此外，项目还需要与当地政府、社区和利益相关者进行沟通和合作，以确保项目的顺利进行。

（2）高风险高回报：海外油气勘探项目具有较高的风险性，因为地质条件复杂多变，勘探成功率并不总是很高。然而，一旦成功发现大型油气藏，项目将带来可观的回报。

（3）技术性强：海外油气勘探项目需要运用先进的地质、地球物理和地球化学技术，以及高效的钻探和开采技术。这些技术的应用对于提高勘探成功率和降低开发成本至关重要。

（4）投资规模大：海外油气勘探项目通常需要大量的资金投入，包括设备购置、人员培训、勘探和开发活动等费用。因此，石油公司需要具备较强的资金实力和融资能力。

（5）合作与竞争并存：在海外油气勘探领域，石油公司之间既存在合作也存在竞争。合作可以降低风险和成本，提高勘探成功率；而竞争则有助于推动技术创新和行业发展。

三、经济评价关键技术

对于海外勘探区块或油气田，在评价时对目标勘探区块的地质条件有一定的了解，资源落实不确定性，基本能够把握目标区块的勘探潜力，可以对目标区块开展相对明确的勘探部署，能够对区块内的资源开展概念性开发规划，但能否发现油气仍存在一定的不确定性，区块能否商业化开发也存在不确定性。在这种情况下，建议采用决策树的 EMV 方法进行经济评价，将项目风险决策中的各个方案和对应的收益信息绘制成决策树，从决策点开始，按照目标问题的各种发展可能产生分枝，确定每个分枝发生的概率及损益值，计算出各分枝的损益期望值，然后根据期望值中最大者作为选择依据，从而做出科学合理的决策。

海外油气勘探项目决策树 EMV 方法是一种利用概率论原理，结合树形图进行决策支持的工具。这种方法通过构建决策树，将海外油气勘探项目的各种可能结果和概率进行可视化展示，帮助决策者更好地理解和评估项目风险，从而做出更明智的决策。

在决策树 EMV 方法中，首先需要对海外油气勘探项目的各种可能结果进行梳理和分类，对海外油气勘探项目的各种可能结果进行概率评估。这通常基于历史数据、专家经验和市场预测等因素，评估不同勘探区域的地质条件、储量潜力、开发难度等因素，从而确定各区域成功勘探的概率。这些概率反映了各种结果出现的可能性，是决策树分析的重要依据。

其次，构建决策树。决策树由决策节点、方案节点、状态节点和概率枝组成。决策节点代表决策问题；方案节点代表可供选择的方案；状态节点代表方案实施后可能出现的状态；概率枝则连接各节点，表示不同方案或状态之间的概率关系。

在构建完决策树后，进行计算和评估。从决策树的底部开始，计算每个方案节点的期望值。期望值是根据各状态节点的概率和相应的损益值计算得出的，反映了每个方案在考虑了所有可能结果后的平均收益或损失。如果损益值用费用表示，应选择期望值最小的方案；如果损益值用收益表示，则应选择期望值最大的方案。在海外油气勘探项目中，可以将勘探方案视为备选方案，将勘探成本、油气产量、销售价格等因素转化为损益值，并赋予相应的概率。各方案在不同结果下的损益值乘以相应的概率，将所有可能结果的期望值相加得到总期望值。期望值越大，表示该方案在预期上能够带来更好的经济效益。

通过决策树 EMV 方法，可以清晰地看到不同方案在不同条件下的收益和损失情况，以及各方案之间的概率关系。这有助于决策者更全面地了解项目风险，避免盲目决策。同时，决策树分析方法还可以用于敏感性分析，评估不同因素对决策结果的影响程度，为决策者提供更丰富的信息。

需要注意的是，决策树 EMV 方法虽然具有直观性和易理解性，但其准确性和可靠性取决于输入数据的准确性和完整性。因此，在进行决策树 EMV 分析时，需要确保所使用的数据和概率是基于充分的市场调研和专家经验得出的。

海外油气勘探项目决策树 EMV 法是一种有效的决策分析方法，能够帮助决策者基于概率论原理对不同勘探方案进行量化评估，从而选择最优方案。但在实际应用中，还需要注意其局限性和不确定性，并结合其他方法进行综合决策。

海外油气勘探项目决策树 EMV 法模型示意图见图 2-1，公式如下：

$$EMV=P_E NPV-(1-P_E)I_{exp}$$

$$P_E=P_g P_{MER}$$

式中 EMV——海外油气勘探项目期望经济价值；

P_E——勘探项目经济成功的概率；

$1-P_E$——勘探项目未取得经济成功的概率；

NPV——经济成功后的项目期望价值；

I_{exp}——项目未实现油气发现预计勘探投资现值；

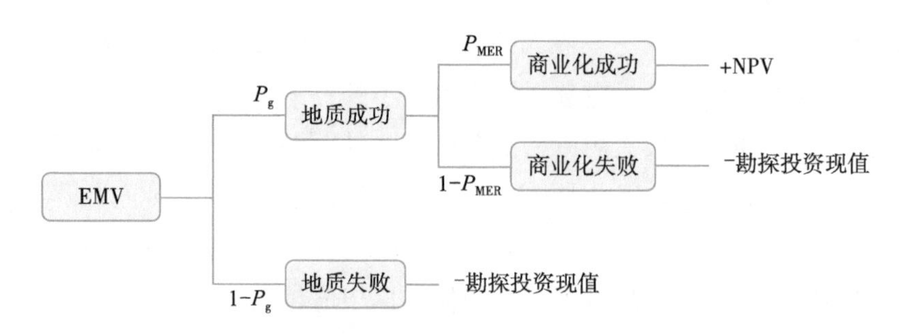

图 2-1 EMV 法经济评价模型示意图

P_g——地质成功率；

P_{MER}——探井发现油气藏后，该油气藏能够商业开发的概率。

海外油气勘探项目决策树 EMV 法模型具体计算步骤为：

（1）确定项目地质成功率 P_g；

（2）确定经济开发的最小经济资源量 MER；

（3）确定项目商业成功率 P_{MER}；

（4）确定项目经济成功率 P_E；

（5）确定经济成功的资源量期望值 V_c；

（6）计算商业化成功后的项目价值 NPV；

（7）计算项目期望经济价值 EMV。

第二节　海外油气勘探项目经济评价实践

一、项目概况

某构造位于某国某区块中部。区块内目前共钻井 3 口，均位于区块的中北部，南部未钻井。结合某年新采集二维地震资料的处理解释成果，对局部构造图进行了精细调整。在此基础上，本次对该构造的储量按确定法和概率法进行了复算。据目前收集的测试资料和测井解释成果可知，某组测试日产气 45 万立方米，日产凝析油 112.73 立方米，因此，本次仅计算某组气藏的储量，并进行方案设计。

二、方案设计

（1）基于不同的储量计算方案和方法，本次将开发方案分为保守方案、可能方案和乐观方案，共三套方案：

方案一（保守方案）：基于储量计算中的保守方案，分为最大证实储量子方案（天然气储量为 48.7 亿立方米）、最小证实储量子方案（天然气储量为 26.81 亿立方米）和可能证实储量子方案（天然气储量为 35.78 亿立方米），共三套子方案。

方案二（可能方案）：该方案基于概率法的储量计算结果，气藏以 -2500 米圈定面积 21.2 平方千米，则 P90、P50、P10 三种天然气地质储量分别为 31.80 亿立方米、66.48 亿立方米、139.71 亿立方米，以此作为方案设计储量基础。

方案三（乐观方案）：该方案基于确定法乐观方案的储量计算结果，储量计算考虑到最低圈闭线与纯气底之半（-2347 米），则取证实储量加可能储量的一半（82.20 亿立方米）作为方案设计储量基础。

（2）各方案预测期 25 年，气藏每年生产天数按 330 天计算。

以三套储量为基础，考虑到不同采气速度和不同的开发井数，共设计了三套开发方案（表 2-1、表 2-2）。

表 2-1 方案设计表

方案编号		方案一（保守方案）			方案二（可能方案）			方案三（乐观方案）
		最大证实	可能证实	最小证实	P90	P50	P10	
储量基础（亿立方米）		48.7	35.78	26.81	31.80	66.48	139.71	82.20
生产井数	1	1	1		1	1	1	1
	1	1	1		1	1	1	1
	1	1	1		1	1	1	1
	1					4	2	2
总井数（口）		3	2	2	2	4	6	4
开采方式		不增压	不增压	不增压	不增压	不增压	不增压	不增压
布井方式		均匀布井	均匀布井	均匀布井	均匀布井	均匀布井	均匀布井	均匀布井
稳产期采气速度（%）		4.1	3.7	4.9	4.2	5.2	5.2	5.0
稳产期日产气量（万立方米）		60	40	40	40	105	220	125
稳产期年产气量（亿立方米）		1.98	1.32	1.32	1.32	3.47	7.26	4.13

表 2-2　开发指标预测表

指标	方案编号	方案一（保守方案）			方案二（可能方案）			方案三（乐观方案）
		最大证实	可能证实	最小证实	P90	P50	P10	
稳产期末开发指标	稳产年限（年）	8	9	7	10	8	10	10
	期末累产气（亿立方米）	15.84	11.88	9.24	41.25	10.56	34.65	72.60
	期末采出程度（%）	32.8	33.3	34.3	50.2	33.2	52.1	52.0
	期末累产油（万立方米）	24.71	17.46	13.65	61.10	16.17	51.32	107.52
	期末油采出程度（%）	20.4	19.6	20.5	29.9	20.4	31.0	30.9
预测期末开发指标	期末累产气（亿立方米）	27.12	19.3	15.04	71.72	18.08	57.33	120.13
	期末气采出程度（%）	55.7	53.9	56.1	87.3	56.9	86.2	86.0
	期末累产油（万立方米）	34.58	23.02	17.99	61.40	16.37	51.57	108.06
	期末油采出程度（%）	28.5	25.9	27.0	30.0	20.7	31.2	31.1

三、经济评价方法

应用国际通用的贴现现金流方法对本项目进行经济评价研究。

四、经济评价依据

（1）本项目油藏工程部分提供的设计原则、工作量安排及开发指标预测等相关数据；

（2）钻井工程、采油工程以及地面工程提供的相关投资数据；

（3）资源国油气法规；

（4）其他与经济评价相关的数据。

五、合同模式及财税条款

本项目是一个具有完成不低于一定金额的义务工作量的气田勘探生产合同，是一种矿税制合同模式。

（1）矿区使用费：按销售收入的 11% 计算，现金或实物按月支付。

（2）培训费用（万美元 / 年）：

勘探阶段	3.5
生产阶段	6.0

（3）生产定金（以累计产量计算，单位为 MMBOE，即百万桶油当量）：

一旦有商业产量	40 万美元
30MMBOE	80 万美元
60MMBOE	150 万美元
80MMBOE	400 万美元
100MMBOE	600 万美元

（4）社会福利费用（万美元 / 年）：

勘探阶段	2.0
生产阶段（BOE/ 天，即桶当量 / 天）	
小于 2000	4.75
2000 ～ 5000	8.50
5000 ～ 10000	16.00
10000 ～ 50000	35.00
大于 50000	55.50

（5）所得税：按应纳税所得额的 50% 计算上缴。

（6）凝析油暴利税 WLO：

$$\mathrm{WLO}=0.6\,(M-R)\,(P-B)$$

式中 M——净产量；

R——矿费所对应的产量；

P——凝析油市场价格；

B——基础价格 =40 美元 / 桶，从商业产量发现开始按照每年 0.5 美元 / 桶上涨。

六、经济评价基本参数

（1）评价期：根据气藏工程方案，确定评价期为 26 年，其中勘探期为 1 年，开发期为 25 年。

（2）商品率：根据已有生产井相关原油生产销售资料，气商品率定为92.86%。

（3）操作成本和管理费用：根据本项目实际生产情况，确定原油操作成本为4美元/BOE，管理费用为120万美元/年。

（4）折旧方法及年限：结合本项目生产实际情况，项目在经济评价过程中，油气资产折旧或折耗方式采用直线法，年限为10年。

（5）废弃井费用和道路维护费用：结合本项目生产实际情况，项目在经济评价过程中，废弃井费用取80万美元/口，道路维护费用取30万美元/年。

（6）油价、气价定价机制：

凝析油销售价格：本次经济评价采用70美元/桶作为凝析油销售价格进行销售收入计算。

气价：

①参照进口到某国的原油一揽子CF（成本加运费，Cost and Freight）价，结合区块计算气价，本次经济评价CF价分别用为60美元/桶、70美元/桶、80美元/桶。

②该资源国有最高和最低油价的限制（表2-3），根据其规定，计算最终油价。

表2-3　最终气价计算公式

加权平均到岸气价（P）（美元/桶）	实现到岸气价（美元/桶）	价格（美元/桶）
P<20	100%	A
20 ≤ P<30	加上增量气价的50%	B
30 ≤ P<40	加上增量气价的30%	C
40 ≤ P<70	加上增量气价的20%	D
70 ≤ P<100	加上增量气价的10%	E
实现到岸气价=A+B+C+D+E		

③根据该资源国规定，计算最终油价分别为 32 美元 / 桶、34 美元 / 桶、35 美元 / 桶。

④计算市场价：

市场价 = CF × 折扣系数 =32 × 72.5%=23.20（美元 / 桶）

市场价 = CF × 折扣系数 =34 × 72.5%=24.65（美元 / 桶）

市场价 = CF × 折扣系数 =35 × 72.5%=25.375（美元 / 桶）

⑤转换系数为 5.7（百万英热单位[1]/ 桶），故最终气价分别为 4.0702 美元 / 百万英热单位、4.3246 美元 / 百万英热单位、4.4518 美元 / 百万英热单位。

七、投资估算

（1）钻井投资估算；钻井工程投资根据油藏工程提供的方案设计确定的井型，并且参照该油田实际情况，直井投资为 1475.4 万美元 / 口，大斜度开发井为 1750 万美元 / 口，在直井的基础上进行侧钻投资为 1000 万美元。

（2）修井投资估算：根据方案设计，修井投资估算主要包括搬迁准备、拆装井口、活动解卡等费用。考虑实际情况，保守方案取 700 万美元 / 口，其他方案取 200 万美元 / 口。

（3）采油投资估算：本项目的采油工程投资主要包括抽油机、采油树、抽油杆、油管、抽油泵、井下工具及投产作业等费用。参考国际、国内的施工情况，普通井平均每口油井的采油工程投资综合按 300 万美元 / 口测算。

（4）地面投资估算：地面建设主要包括井口流程、管线、配电及道路等部分，地面工程投资根据地面工程方案，参考国际、国内的材料与施工情况进行测算。其投资估算见表 2–4。

（5）总投资估算：各方案总投资估算见表 2–5。

---

[1] 百万英热单位记为 MMBtu，即 million British thermal unit，用于衡量热量，通常用于描述燃料的能量含量。1MMBtu=1055000 千焦 =252 千卡。

表 2-4　地面投资估算表　（单位：万美元）

项目		方案一（保守方案）			方案二（可能方案）			方案三（乐观方案）
		最大证实子方案	可能证实子方案	最小证实子方案	P90子方案	P50子方案	P10子方案	
地面投资	不建处理厂	6959	4874	4874	5176	8197	12650	10284
	建处理厂	10463	7746	7746				

表 2-5　不同方案的总投资表　（单位：万美元）

项目	方案一（保守方案）						方案二（可能方案）			方案三（乐观方案）
	最大证实子方案		可能证实子方案		最小证实子方案		P90子方案	P50子方案	P10子方案	
	不建处理厂	建处理厂	不建处理厂	建处理厂	不建处理厂	建处理厂				
钻井投资	2950.8	2950.8	1475.4	1475.4	1475.4	1475.4	2475.4	4975.4	8475.4	4975.4
修井投资	1400	1400	1400	1400	1400	1400	200	200	200	200
采油投资	900	900	600	600	600	600	600	1200	1800	1200
地面投资	6959	10463	4874	7746	4874	7746	5176	8197	12650	10284
已发生投资	984	984	984	984	984	984	984	984	984	984
合计（不考虑已发生投资）	12209.8	15713.8	8349.4	11221.4	8349.4	11221.4				
合计（考虑已发生投资）	13193.8	16697.8	9333.4	12205.4	9333.4	12205.4	9435.4	15556.4	24109.4	17643.4

八、经济评价结果

根据油藏工程提供的方案以及对钻井工作量、采油工作量、地面工作量、修井工作量进行了投资估算，通过编制现金流量表，计算财务内部收益率、财务净现值（I=12%）、投资回收期等评价指标得出经济评价结果。其经济评价结果分别见表 2-6 至表 2-11。

表 2-6 方案一（保守方案）经济评价结果表（不建处理厂，考虑已发生投资）

	CF 价格	60 美元 / 桶	70 美元 / 桶	80 美元 / 桶
最大证实子方案	财务内部收益率	8.30%	9.47%	10.03%
	财务净现值（I=12%）(万美元)	−1851.02	−1290.07	−1009.59
	投资回收期（年）	7.99	7.62	7.45
可能证实子方案	CF 价格	60 美元 / 桶	70 美元 / 桶	80 美元 / 桶
	财务内部收益率	6.69%	7.91%	8.49%
	财务净现值（I=12%）(万美元)	−1844.62	−1457.90	−1264.54
	投资回收期（年）	8.68	8.26	8.06
最小证实子方案	CF 价格	60 美元 / 桶	70 美元 / 桶	80 美元 / 桶
	财务内部收益率	2.81%	4.40%	5.13%
	财务净现值（I=12%）(万美元)	−2515.79	−2171.79	−1999.79
	投资回收期（年）	8.98	8.46	8.23

表 2-7 方案一（保守方案）经济评价结果表（不建处理厂，不考虑已发生投资）

	CF 价格	60 美元 / 桶	70 美元 / 桶	80 美元 / 桶
最大证实子方案	财务内部收益率	9.50%	10.72%	11.31%
	财务净现值（I=12%）(万美元)	−1171.02	−610.06	−329.58
	投资回收期（年）	7.58	7.23	7.06
可能证实子方案	CF 价格	60 美元 / 桶	70 美元 / 桶	80 美元 / 桶
	财务内部收益率	8.32%	9.60%	10.22%
	财务净现值（I=12%）(万美元)	−1164.61	−777.89	−584.53
	投资回收期（年）	8.06	7.66	7.48
最小证实子方案	CF 价格	60 美元 / 桶	70 美元 / 桶	80 美元 / 桶
	财务内部收益率	4.71%	6.30%	7.04%
	财务净现值（I=12%）(万美元)	−1835.79	−1491.79	−1319.79
	投资回收期（年）	8.25	7.79	7.60

表 2-8 方案一（保守方案）经济评价结果表（建处理厂，考虑已发生投资）

最大证实子方案	CF 价格	60 美元 / 桶	70 美元 / 桶	80 美元 / 桶
	财务内部收益率	8.03%	8.89%	9.31%
	财务净现值（*I*=12%）（万美元）	−2630.19	−2085.59	−1813.29
	投资回收期（年）	8.27	7.98	7.84
可能证实子方案	CF 价格	60 美元 / 桶	70 美元 / 桶	80 美元 / 桶
	财务内部收益率	6.48%	7.32%	7.74%
	财务净现值（*I*=12%）（万美元）	−2659.46	−2284.02	−2096.30
	投资回收期（年）	9.05	8.72	8.56
最小证实子方案	CF 价格	60 美元 / 桶	70 美元 / 桶	80 美元 / 桶
	财务内部收益率	3.28%	4.30%	4.79%
	财务净现值（*I*=12%）（万美元）	−3429.72	−3095.76	−2928.77
	投资回收期（年）	9.25	8.84	8.66

表 2-9 方案一（保守方案）经济评价结果表（建处理厂，不考虑已发生投资）

最大证实子方案	CF 价格	60 美元 / 桶	70 美元 / 桶	80 美元 / 桶
	财务内部收益率	8.90%	9.79%	10.23%
	财务净现值（*I*=12%）（万美元）	−1950.18	−1405.58	−1133.29
	投资回收期（年）	7.97	7.68	7.55
可能证实子方案	CF 价格	60 美元 / 桶	70 美元 / 桶	80 美元 / 桶
	财务内部收益率	7.59%	8.48%	8.91%
	财务净现值（*I*=12%）（万美元）	−1979.46	−1604.02	−1416.30
	投资回收期（年）	8.60	8.28	8.13
最小证实子方案	CF 价格	60 美元 / 桶	70 美元 / 桶	80 美元 / 桶
	财务内部收益率	4.52%	5.57%	6.07%
	财务净现值（*I*=12%）（万美元）	−2749.72	−2415.75	−2248.77
	投资回收期（年）	8.70	8.33	8.15

表 2-10　方案二（可能方案）经济评价结果表

CF 价		60 美元 / 桶	70 美元 / 桶	80 美元 / 桶
P90 子方案	财务内部收益率	5.23%	6.57%	7.20%
	财务净现值（I=12%）（万美元）	-2159.01	-1785.04	-1598.05
	投资回收期（年）	8.75	8.29	8.08
P50 子方案	财务内部收益率	17.09%	18.52%	19.23%
	财务净现值（I=12%）（万美元）	3528.07	4594.81	5128.19
	投资回收期（年）	5.77	5.53	5.41
P10 子方案	财务内部收益率	25.75%	27.52%	28.40%
	财务净现值（I=12%）（万美元）	15360.38	17595.47	18713.01
	投资回收期（年）	4.48	4.31	4.23

表 2-11　方案三（乐观方案）经济评价结果表

CF 价	60 美元 / 桶	70 美元 / 桶	80 美元 / 桶
财务内部收益率	19.20%	20.67%	21.39%
财务净现值（I=12%）（万美元）	5812.4	7102.88	7748.12
资回收期（年）	5.38	5.17	5.07

九、敏感性分析

1. 针对保守方案的敏感性分析

本项目评价期内影响财务内部收益率的主要因素有价格、产量、投资及操作费。为判断项目评价期内的抗风险能力大小，本次对最大证实子方案（CF 价为 80 美元 / 桶、不建处理厂和不考虑已发生投资）的这四个主要变化因素进行了单因素变化的敏感性分析，其敏感性分析结果见表 2-12 及图 2-2。

从图 2-2 单因素敏感性变化曲线可以看出，产品价格为最敏感的因素，其次是投资和产量，操作费敏感度最低。

2. 针对乐观方案的敏感性分析

本项目评价期内影响财务内部收益率的主要因素有原油价格、原油产量、投资及操作成本。为判断项目评价期内的抗风险能力大小，本次对乐观方案（CF 价为 80 美元 / 桶）的这 4 个主要变化因素进行了单因素变化的敏感性分析，其敏感性分析结果见表 2-13 及图 2-3。

表 2-12　最大证实子方案敏感性分析表（CF 价为 80 美元 / 桶，不建处理厂，不考虑已发生投资）

因素	-20%	-10%	0%	10%	20%
产量	7.18%	9.31%	11.31%	13.20%	15.01%
价格	6.88%	9.19%	11.31%	13.32%	15.24%
操作费	12.32%	11.82%	11.31%	10.80%	10.28%
投资	15.42%	13.17%	11.31%	9.75%	8.41%

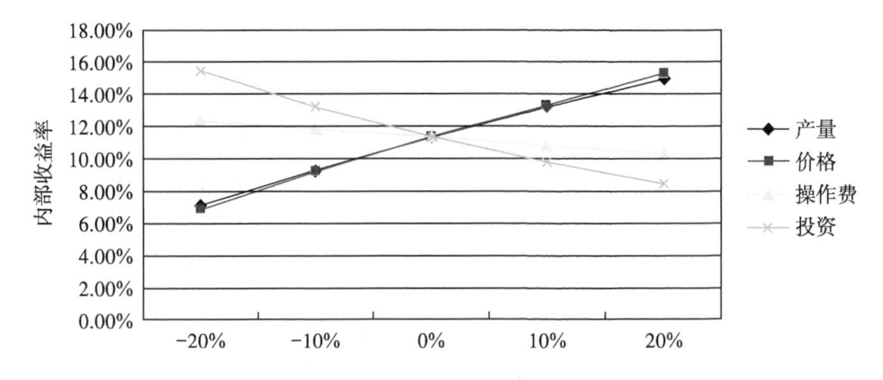

图 2-2　最大证实子方案敏感性分析图

（CF 价为 80 美元 / 桶，不建处理厂和不考虑已发生投资）

表 2-13　方案三（乐观方案）敏感性分析表（CF 价为 80 美元 / 桶）

因素	-20%	-10%	0%	10%	20%
产量	16.40%	18.92%	21.39%	23.73%	26.10%
价格	15.80%	18.65%	21.39%	24.03%	26.61%
操作费	22.64%	22.02%	21.39%	20.75%	20.11%
投资	26.68%	23.78%	21.39%	19.38%	17.66%

从图 2-3 单因素敏感性变化曲线可以看出，产品价格为最敏感的因素，其次是投资和产量，操作费敏感度最低。

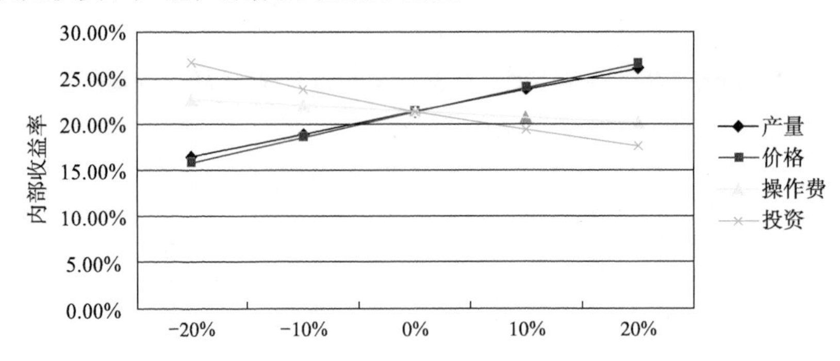

图 2-3　方案三（乐观方案）敏感性分析图（CF 价为 80 美元 / 桶）

十、经济极限气价的确定

在评价期内，各年的净现金流量的现值之和为零时的天然气价格，就是天然气价格的经济边界值，也称为经济极限气价。根据是否建处理厂以及是否考虑已发生投资等因素条件，来计算保守方案中三个不同子方案在的经济极限气价，具体结果见表 2-14、表 2-15。

表 2-14　不建处理厂的经济极限气价

考虑已发生投资的经济极限气价（美元 /MMBtu）	最大证实子方案	可能证实子方案	最小证实子方案
	4.9108	5.2831	5.9298
不考虑已发生投资的经济极限气价（美元 /MMBtu）	最大证实子方案	可能证实子方案	最小证实子方案
	4.6018	4.8355	5.4272

表 2-15　建处理厂的经济极限气价

考虑已发生投资的经济极限气价（美元 /MMBtu）	最大证实子方案	可能证实子方案	最小证实子方案
	5.2974	5.8721	6.6845
不考虑已发生投资的经济极限气价（美元 /MMBtu）	最大证实子方案	可能证实子方案	最小证实子方案
	4.9799	5.4117	6.1643

十一、最小经济储量规模反算

1. 最小经济地质储量反算

指定财务内部收益率为 12%，按资源国石油法对最小经济规模储量进行反算：

当原油到岸价为 60 美元 / 桶时，凝析油产量和天然气产量均增加 53.95%，反推气藏最小经济地质储量为 42.08 亿立方米。

当原油到岸价为 70 美元 / 桶时，凝析油产量和天然气产量均增加 44.15%，反推气藏最小经济地质储量为 39.41 亿立方米。

当原油到岸价为 80 美元 / 桶时，凝析油产量和天然气产量均增加 39.75%，反推气藏最小经济地质储量为 38.20 亿立方米。

2. 最小经济储量的临界井位

若某井成功，未见气水界面，按 −1970m 海拔计算证实储量为 42.83 亿立方米，略大于 60 美元 / 桶 CF 价下最小经济规模储量（42.08 亿立方米）。按 −1955m 计算证实储量为 38.46 亿立方米，与 80 美元 / 桶的 CF 价下最小经济规模储量（38.20 亿立方米）相当（表 2−16）。

表 2−16　不同海拔下储量计算结果表

气层底界（米）	面积（平方千米）	加权有效厚度（米）	孔隙度（%）	含气饱和度（%）	$1/B_{gi}$	G（亿立方米）	G_c（亿立方米）	N_c（万立方米）
−1970	6.28	58.79	8.51	71	192	42.83	6.28	58.79
−1955	5.87	56.47	8.51	71	192	38.46	5.87	56.47

注：B_{gi} 为气藏的体积系数，其倒数为气藏的膨胀系数；G 为凝析气藏总地质储量；G_c 为天然气地质储量；N_c 为凝析油地质储量。

反算的最小经济储量为：38.20 亿～ 42.08 亿立方米，因此在构造较高部位的 −1855 ～ −1870 米海拔范围内钻井可满足最小经济规模要求的储量，即该区域为最小经济储量的临界井位区。

十二、成藏组合风险分析

进行成藏组合的风险分析，首先要确定最小经济油田规模（MEFS）。最小经济油田规模（MEFS）受到油价、合同税收条款、当地的作业成本等因素影响。可采用类比法，即借鉴条件类似区成熟油气田的开发参数，或采用正算法，即根据区块内的圈闭、规模、产能等估算最小经济油田规模（MEFS），估算要快而简单。确定了最小经济油田规模（MEFS），估算最小经济油田概率 P_{mefs}。其次，要确定公司管理层在决定放弃区块前所愿意钻的连续干井数。

成藏组合的地质风险分析基本上与圈闭相同，也是考虑影响成藏的关键地质要素。但是，在进行圈闭地质风险分析时，把这些不相关的地质要素（一般取 4 ～ 5 个）作为独立变量。而在成藏组合的地质风险分析时，则要区分对待这些地质要素，分析哪些对成藏组合中的所有圈闭都适用，哪些会随圈闭的不同而不同。这样，就把这些地质要素分为共享和独立的两类变量。下面说明在本流程中如何实现对成藏组合经济成功率的计算。

在本流程中，烃源条件、储层条件、盖层条件、圈闭条件和运聚匹配条件这五个石油地质条件被当作关键地质要素（变量）。在综合评价的基础上，确定各个石油地质条件（即变量）的存在概率。同时经过分析，可以确定其中的部分变量是共享变量（假定为 2 个），其中的另外变量是独立变量（假定为 3 个）。这样，圈闭的经济成功率（P_e）可表示如下：

$$P_e = P_{共享}P_{共享}[1 - (1 - P_{独立}P_{独立}P_{独立}P_{mefs})^n]$$

式中 P_e——圈闭的经济成功率；

$P_{共享}$——共享变量；

$P_{独立}$——独立变量；

P_{mefs}——最小经济油田概率；

n——放弃区块前的连续干井数。

本例中，烃源和盖层条件为公共变量，从区域地质和气田研究综合分析，本区烃源和盖层条件好，经测试单井有工业气流，因此，本气藏烃源和盖层的存在概率取 1。而储层、圈闭和运聚匹配条件则不同的圈闭有不同的情况，这 3 个变量为独立变量，中期储层和圈闭存在的概率取 0.95，由于油气的充注存在较大变数，因此运聚匹配变量取 0.85。最小经济油田概率为达到经济规模的最小储量的概率，当 CF 价为 60 美元 / 桶时，P_{mefs} 为 0.805；当 CF 价为 70 美元 / 桶时，P_{mefs} 为 0.84；当 CF 价为 80 美元 / 桶时，P_{mefs} 为 0.85。如果建 1 井失败，则本项目将会终止，因此试验数为 1。

根据以上变量的取值，可计算得到在 CF 价为 60 美元 / 桶时，圈闭的经济成功率为 61.75%；当 CF 价为 70 美元 / 桶时，圈闭的经济成功率为 64.44%；当 CF 价为 80 美元 / 桶时，圈闭的经济成功率为 65.21%。

因此，按资源国石油法政策和大于 60 美元 / 桶的原油到岸价，某构造某组气藏的经济成功率大于 60%。

十三、EMV 分析及计算

在海外油气勘探项目的目标评价中，如有可能，要求用蒙特卡罗法求出预测的可采资源量的累计概率分布曲线；而后根据地质风险分析的结果和蒙特卡罗法储量分布值（P90、P50、P10）计算各自情况的 NPV90、NPV50、NPV10 值，进而求出成功时净现值的均值 NPV 均值乃至最后的期望净现值 ENPV（表 2-17）。

表 2-17　期望净现值的计算表

勘探结果	概率值	预测可采资源量	净现值		期望净现值
失败	$1-P_s$	—	钻探失败损失值		ENPV
成功	P_s	P90	NPV90	NPV 均值	
		P50	NPV50		
		P10	NPV10		

净现值 NPV 均值的计算采用 Swanson 均值，公式为：

$$\text{NPV 均值} = \text{NPV90} \times 0.3 + \text{NPV50} \times 0.4 + \text{NPV10} \times 0.3$$

期望净现值 ENPV 的计算公式为：

$$\text{ENPV 均值} = \text{NPV 均值} \times P_s + L \times (1 - P_s)$$

式中　ENPV——期望净现值；

P_s——成功率；

L——钻探失败损失值；

NPV——净现值。

期望投资回报率 ENPV/PV，是指期望净现值 ENPV 和勘探投资净现值的比。该指标越大，项目的预期经济效益越好。

本例中，NPV 均值的计算结果见表 2-18。

表 2-18　NPV 均值计算结果表

CF 价	NPV90（万美元）	NPV50（万美元）	NPV10（万美元）	NPV 均值（万美元）
60 美元 / 桶	-2159.01	3528.07	15360.38	5371.64
70 美元 / 桶	-1785.04	4594.81	17595.47	6581.05
80 美元 / 桶	-1598.05	5128.19	18713.01	7185.76

本例中，已发生的投资为 984 万美元，则 L=PV=1475.4+984=2459.4（万美元）。那么，当 CF 价为 60 美元 / 桶时，期望净现值为 4257.71 万美元，期望投资回报率为 1.73；当 CF 价为 70 美元 / 桶时，期望净现值为 5115.39 万美元，期望投资回报率为 2.08；当 CF 价为 80 美元 / 桶时，期望净现值为 5541.46 万美元，期望投资回报率为 2.25（表 2-19）。

表 2-19　期望净现值及投资回报率计算结果表

CF 价	P_s 值	ENPV 均值（万美元）	ENPV/PV
60 美元 / 桶	0.6175	4257.71	1.73
70 美元 / 桶	0.6444	5115.39	2.08
80 美元 / 桶	0.6521	5541.46	2.25

第三章 海外油气开发方案经济评价关键技术与实践

第一节　海外油气开发方案经济评价关键技术

一、概述

开发方案在地质认识清楚（达到探明储量认识程度）、开发动态特征清楚、开发主体工艺技术明确、可采储量和用气市场落实的条件下进行编制，主要是对未来若干年开发方式、储量动用、开发井网井型、井位部署、开发技术政策、钻井工程、采气工程、地面工程、投资估算和资金筹措、成本效益、风险分析和措施对策、开发技术经济指标等做出的部署设计。

海外油（气）田开发方案原则上包括油（气）田地质综合研究、油（气）藏工程研究和开发方案设计，以及配套适用的钻井工程、采油（气）

工程、地面建设工程的总体优化设计、产品市场预测、整体开发方案的经济评价和风险分析。

油（气）田地质综合研究要综合地震、地质、录井、测井、岩心和试油试采等多方面的资料，对构造、地层、储层、流体和油（气）藏类型进行研究，进行油藏描述，建立三维地质模型。根据储量规范，计算不同级别的地质储量并进行评价，储量报告应符合油公司标准。

油（气）藏工程要在储层渗流物理特性研究和开发特征分析的基础上，根据数值模拟和油（气）藏工程方法，科学合理地确定适合油（气）田特点的开发层系、开发井网、开采方式、生产能力、可采储量、剩余可采储量及开发指标。开发方案的设计既要提高油（气）田采收率，又要保证方案设计的高效性、经济性和可操作性。

钻井、完井工艺技术方案要依据油（气）藏特点和开采方式确定。井型、井身结构的设计要适应整个开采阶段生产及井下作业的需要，要特别强调钻井、完井过程中的油层保护措施，采用优质钻井液、完井液，尽量减少对油层的伤害。

采油（气）工程方案要依据地质、油（气）藏工程确定合理的采油（气）、注入方式和增产、维护措施，提出生产测试动态监测内容及要求，确保实现开发方案的指标。

油（气）田地面建设工程总体设计必须在总体建设规划指导下进行。油（气）田开发系统的主体工程要按照开发方案的总体要求进行整体设计，要遵照分期实施、逐步配套的原则。相关的配套工程要与主体集输系统配套进行整体设计，要遵循简洁、安全、经济、注重环保的原则。

产品市场预测以原油、天然气产品为主，如果还有其他产品也要进行分析。从市场需求、销售渠道、销售量、销售价格等几个方面说明油（气）田所在地区的油气产品在资源国或国际市场上的销售现状。对项目及油公司份额油（气）的目标市场、销售渠道、销售量等进行描述，并对原油、天然气及其他产品的分年销售价格进行预测，并说明预测的依据。

经济评价要根据合同模式，结合各项目的具体情况，选择经济参数，对整体开发方案进行评价，并分析项目的抗风险能力，确保油（气）田经济高效开发。

风险分析要对油（气）田开发可能面临的政治、经济、法律、政策、市场、建设、外汇、环保、安保、劳工、资源、技术等风险进行分析，针对存在的问题及面临风险提出应对措施。

二、主要特征

（1）合同模式多样性：海外油气田开发通常涉及多种合同模式，如产品分成合同、矿税制合同和技术服务合同等。不同的合同模式对开发者的权益、义务、风险分担和收益分配等方面有不同的规定，因此，在制定开发方案时需要充分考虑合同的具体条款，确保方案的合规性和经济效益。

（2）风险管理与控制：海外油气田开发面临诸多风险，包括资源风险、市场风险、政治风险、汇率风险等。开发方案需要建立完善的风险评估体系，对各类风险进行识别、分析和量化，并制定相应的风险应对措施，以确保项目的稳健运行。

（3）技术与工程复杂性：海外油气田往往位于地质条件复杂、环境恶劣的地区，开发和生产难度较高。开发方案需要依托先进的技术和工程手段，包括钻井、完井、采油、油气处理、运输等方面，确保项目的高效、安全和环保。

（4）国际化合作与协调：海外油气田开发通常涉及多国合作，需要与国际石油公司、资源国政府、承包商等各方进行协调与合作。开发方案需要注重国际化运作，遵守国际规则和标准，确保项目的顺利推进。

（5）经济效益与可持续发展：海外油气田开发的核心目标是实现经济效益的最大化。开发方案需要充分考虑项目的投资回报率、现金流、成本控制等因素，同时注重环境保护和可持续发展，确保项目的长期价值。

（6）灵活性与适应性：由于海外油气田开发涉及多种不确定因素，开发方案需要具备较高的灵活性和适应性。在面对市场变化、技术更新、政策调整等情况时，能够及时调整方案，确保项目的顺利进行。

三、海外油气开发方案经济评价关键技术

1. 海外油气开发方案经济评价基本方法

海外油气开发方案经济评价的基本方法是现金流量法。现金流量法是一种广泛应用于油气开发方案财务分析工具，特别是面对海外油气项目高投入、高风险、高产出和长周期的特点，现金流量法成为评估海外油气开发方案的重要手段。以下是现金流量法的核心概念、应用步骤、优势和局限性。

1）核心概念

现金流入（Cash Inflows）：项目在其运营期间所产生的收入，如石油和天然气的销售收入。

现金流出（Cash Outflows）：项目运营过程中发生的成本和支出，包括初始投资、运营成本、维护费用、税费等。

净现金流（Net Cash Flow）：在特定时期内，现金流入减去现金流出的金额。

折现率（Discount Rate）：用于将未来现金流折算为现值的利率，反映了资金的时间价值和项目的风险水平。

2）应用步骤

定义项目周期：确定项目的预期寿命和各个阶段。

预测现金流：估算项目在其生命周期内每年的现金流入和现金流出。

选择适当的折现率：根据项目的风险特性和资本成本确定折现率。

计算净现值（NPV）：使用折现率将未来现金流折算为现值，并计算其总和。

评估项目可行性：如果 NPV 为正，表明项目的预期收益超过了投资成本，项目在财务上是可行的。

进行敏感性分析：分析关键变量（如油价、生产成本、税收政策等）变化对 NPV 的影响，以评估项目的敏感性和潜在风险。

3）现金流量法的优势

全面性：现金流量法考虑了项目的所有现金流，包括初始投资和运营

期间的现金流入与流出。

时间价值：通过折现率考虑了资金的时间价值，更准确地反映了资金的机会成本。

风险评估：通过 NPV 和敏感性分析，可以评估项目的风险水平和不确定性。

4）现金流量法的局限性

预测准确性：现金流量法依赖于对未来现金流的预测，预测的不准确可能导致评估结果偏差。

折现率选择：折现率的选择具有主观性，不同的折现率可能导致不同的评估结果。

忽略非财务因素：现金流量法主要关注财务指标，可能忽略项目的社会、环境和政治影响。

在实际操作中，现金流量法通常与其他评估工具和方法结合使用，以获得更全面和准确的项目评估结果。

2. 海外油气开发方案经济评价比选方法

方案经济比选是开发方案的重要内容。海外油气项目的投资决策是方案比选和择优的过程。在油气开发方案和投资决策过程中，对涉及的各决策要素和研究方面，都应从技术和经济相结合的角度进行多方案分析论证，比选择优。本节所介绍的方案比选是指同一项目的互斥方案的比较。所谓互斥方案，是指同一项目的几个方案可以彼此替代，选择了其中一个方案，就意味着自动排除其他方案。

按照不同方案所含的全部因素（包括效益和费用两个方面）进行方案比较，可视不同情况和具体条件分别选用净现值法、差额投资内部收益率法、投资回收期法。

1）净现值法

净现值指标是对投资项目进行动态评价的最重要指标之一。该指标要求考察项目寿命期内每年发生的现金流量。按一定的折现率将各年净现金流量折现到同一时点（通常是期初）的现值累加值就是净现值。净现值的表达式为：

$$NPV=\sum_{t=0}^{n}(CI_t-CO_t)(1+i_0)^{-t}=\sum_{t=0}^{n}(CI_t-K_t-CO_t')(1+i_0)^{-t}$$

式中　NPV——净现值；

CI_t——第 t 年的现金流入额；

CO_t——第 t 年的现金流出额；

K_t——第 t 年的投资支出；

CO'_t——第 t 年除投资支出以外的现金流出，即 $CO'_t=CO_t-K_t$；

n——项目寿命年限；

i_0——基准折现率。

判断准则为对单一项目方案而言，若 $NPV \geqslant 0$，则项目应予接受；若 $NPV < 0$，则项目应予拒绝。多方案比选时，净现值越大的方案相对越优（净现值最大准则）。

净现值指标用于多方案比较时，不考虑各方案投资额的大小，因而不直接反映资金的利用效率。为了考察资金的利用效率，通常用净现值指数（NPVI）作为净现值的辅助指标。净现值指数是项目净现值与项目投资总额现值之比，其经济内涵是单位投资现值所能带来的净现值。其计算公式为：

$$NPVI=\frac{NPV}{K_P}=\frac{\sum_{t=0}^{n}(CI_t-CO_t)(1+i_0)^{-t}}{\sum_{t=0}^{n}K_t(1+i_0)^{-t}}$$

式中　K_P——项目总投资现值。

对于单一项目而言，若 $NPV \geqslant 0$，则 $NPVI \geqslant 0$（因为 $K_P > 0$）；若 $NPV < 0$，则 $NPVI < 0$。故用净现值指数评价单一项目经济效果时，判别准则与净现值相同。

海外油气开发方案的主要目的在于进行投资决策——是否进行投资，以多大规模进行投资。体现在投资项目经济效果评价上，要解决两个问题：什么样的投资项目可以接受；有众多备选投资方案时，哪个方案或哪些方案的组合最优。方案的优劣取决于它对投资者目标贡献的大小，在不考虑其他非经济目标的情况下，企业追求的目标可以简化为同等风险条件下净盈利的最大化，而净现值就是反映这种净盈利的指标，所以，在多方案比选中采用净现值指标和净现值最大准则是合理的。

对于海外油气项目而言，经济效果的好坏与其生产规模有密切关系，确定最佳生产规模一直是开发方案十分关心的问题。生产规模取决于投资规模，最佳投资规模也就是使企业获得最大净现值的投资规模。

2）内部收益率法

在所有的经济评价指标中，内部收益率是最重要的评价指标之一，简单说，就是净现值为零时的折现率。

内部收益率可通过解下述方程求得：

$$\mathrm{NPV}(\mathrm{IRR})=\sum_{t=0}^{n}(\mathrm{CI}_t-\mathrm{CO}_t)(1+\mathrm{IRR})^{-t}=0$$

式中 IRR——内部收益率；

CI_t——第 t 年的现金流入额；

CO_t——第 t 年的现金流出额；

n——项目寿命年限；

i_0——基准折现率。

内部收益率指标主要用于衡量方案或项目的盈利能力。判别准则：设基准折现率为 i_0，若 $\mathrm{IRR} \geqslant i_0$，则项目在经济效果上可以接收；若 $\mathrm{IRR} < i_0$，则项目在经济效果上不可接收。

内部收益率 IRR 是由方案本身的经济参数决定的，它是一个待求值，并不受标准收益率的影响。

若直接根据各方案内部收益率的大小来选择最优方案，则可能出现所得到的结论与采用净现值法评价的结论相矛盾的情况。实际工作中可能出现：内部收益率较高的方案其净现值却较低，而内部收益率较低的方案净现值却较高。因此，在经济评价中一般都不根据内部收益率的大小来选择最优方案，而采用差额内部收益率指标来确定最优方案。所谓差额内部收益率，就是指两方案现金流量差额的现值等于零时所对应的收益率，一般用符号 $\Delta\mathrm{IRR}$ 表示。

两方案的差额内部收益率 $\Delta\mathrm{IRR}$，与设定的基准收益率 i_0 进行对比，若 $\Delta\mathrm{IRR}$ 大于或等于 i_0，则以投资大的方案为优；反之，投资小的为优。

在多方案进行比较时，应先按投资大小，由小到大排序，再依次就相邻方案两两比较，从中选出最优方案。

3）投资回收期法

投资回收期就是从项目投建之日起，用项目各年的净收入（年收入减年支出）将全部投资收回所需的期限。能使公式成立的即为投资回收期。

$$\sum_{t=0}^{T_\mathrm{P}} \mathrm{NB}_t = \sum_{t=0}^{T_\mathrm{P}} \left(B_t - C_t\right) = K$$

式中 K——投资总额；

B_t——第 t 年的收入；

C_t——第 t 年的支出（不包括投资）；

NB_t——第 t 年的净收入，$\mathrm{NB}_t = B_t - C_t$；

T_P——投资回收期。

根据投资项目财务分析中使用的现金流量表也可计算投资回收期，其实用公式为：

$$T_\mathrm{P} = (T-1) + \frac{\text{第}(T-1)\text{年的累计净现金流量的绝对值}}{\text{第}T\text{年的净现金流量}}$$

式中 T——项目各年累计净现金流量首次为正值或零的年份。

用投资回收期评价投资项目时，需要与根据同类项目的历史数据和投资者意愿确定的基准投资回收期相比较。设基准投资回收期为 T_b，判别准则为：

若 $T_\mathrm{P} \leqslant T_\mathrm{b}$，则项目可以考虑接受；

若 $T_\mathrm{P} > T_\mathrm{b}$，则项目应予以拒绝。

投资回收期指标存在两个缺点：一是它未反映资金的时间价值；二是由于它舍弃了回收期以后的收入与支出数据，故不能全面反映项目在寿命期内的真实效益，难以对不同方案的比较选择做出正确判断。

投资回收期指标的优点主要来自两个方面：一是概念清晰、简单易用；二是该指标不仅在一定程度上反映项目的经济性，而且反映项目的风险大小。项目决策面临着未来的不确定性因素的挑战，这种不确定性所带来的风险随着时间的延长而增加，因为离现实越远，人们所能确知的东西就越少。为了减少这种风险，就必然希望投资回收期越短越好。因此，作为能够反映一定经济性和风险性的回收期指标，在项目评价中具有独特的地位和作用，被广泛用作项目评价的辅助性指标。

第二节　海外油气开发方案经济评价实践

一、评价范围

本次针对某气田开发方案进行经济评价，不包含上游勘探阶段、中下游管道及 LNG 工程。此次经济评价的评估期共 35 年，其中合同开发期 25 年，合同延长期 10 年。

二、评价依据

（1）某石油天然气投资有限公司（合同者）与某国政府签订的《某区块产品分成合同》；

（2）《某国某盆地某气田开发方案》；

（3）某国相关行业及企业标准；

（4）某国石油天然气相关法律及税法；

（5）其他与经济评价相关的数据。

三、经济评价方法

本次评价主要采用了现金流折现法，其目的在于考察项目投资的盈利水平。为了达到这一目的，要计算的财务指标包括净现值（NPV）、内部收益率（IRR）以及投资回收期（T_P）。

四、合同模式及财税条款

本项目合同模式为产品分成合同。

（1）合同者与政府参股权益：合同者与某国政府在某油气田的参股比例分别为 75% 和 25%。双方协议，某国参股部分由合同者先行垫支，在油气开始销售后，某国按照 LIBOR+3.5% 的利率向合同者偿还本金和利息，每年还款的上限为当年政府分成收入的 60%。

（2）成本回收和利润分成：天然气成本回收上限 60%，凝析油成本回收上限 55%。当年未回收成本结转到下一年。利润分成以某两个气田总的平均日产量作为计算基础，阶梯分成比例见表 3–1、表 3–2。

表 3–1　天然气分成比

序号	产量区间	合同者分成	政府分成
1	第一个 100 百万立方英尺	70%	30%
2	下一个 100 百万立方英尺	65%	35%
3	下一个 100 百万立方英尺	60%	40%
4	下一个 100 百万立方英尺	55%	45%
5	下一个 100 百万立方英尺	50%	50%
6	>500 百万立方英尺	45%	55%

表 3–2　凝析油分成比

序号	产量区间	合同者分成	政府分成
1	第一个 20000 桶 / 天	60%	40%
2	下一个 20000 桶 / 天	55%	45%
3	下一个 20000 桶 / 天	50%	50%
4	下一个 40000 桶 / 天	45%	55%
5	>100000 桶 / 天	40%	60%

（3）矿区使用费：油气田投产后合同者需向某国政府缴纳矿区使用费。矿区使用费以合同区块的平均日产量作为计算基础进行阶梯收缴，费率见表 3–3。

表 3-3　气田矿区使用费费率表

序号	对象	产量区间	费率
1	天然气	第一个 100 百万立方英尺	6%
2		下一个 100 百万立方英尺	7%
3		下一个 100 百万立方英尺	8%
4		下一个 100 百万立方英尺	9%
5		下一个 100 百万立方英尺	10%
6		>500 百万立方英尺	11%
7	凝析油	第一个 20000 桶 / 天	9%
8		下一个 20000 桶 / 天	10%
9		下一个 20000 桶 / 天	11%
10		下一个 40000 桶 / 天	12%
11		>100000 桶 / 天	13%

（4）所得税：根据某国税法规定，所得税率为 35%。

（5）地租：开发期地租为 500 美元 /（平方千米·年）。

（6）商业生产定金：从商业生产周期开始收取，共计 1.2 亿美元，每年支付 10%，连续 10 年支付。根据产品分成协议，商业生产定金可以用于成本回收。

（7）生产定金：日产油气当量首次连续 30 天达到平均 2.5 万桶 / 天时开始收取，数额为 200 万美元 / 年。根据产品分成协议，生产定金可以抵税，但不可用于成本回收。

（8）培训费：为 25 万美元 / 年。

（9）社区建设费：为 10 万美元 / 年或项目未来建设投资的 1%，取二者的最大值。

（10）国内市场义务：仅凝析油不超过合同者分成的 25%，本次评价假设国内销售价格和对外销售价格一致。

五、收入分配流程图

根据产品分成协议的约定，产品分成收入分配流程见图 3-1。

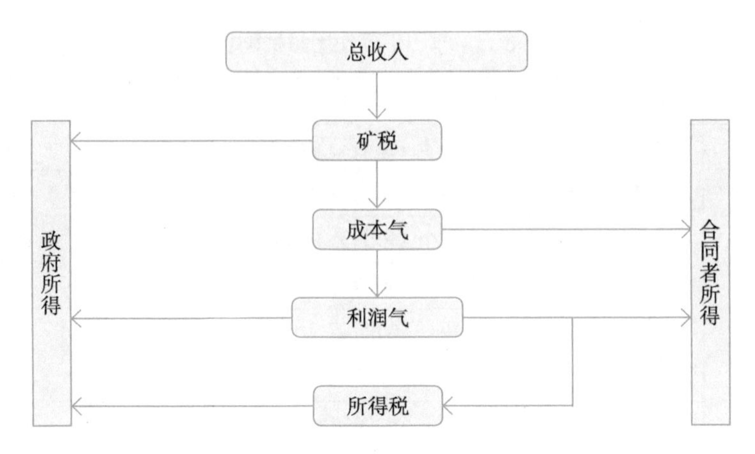

图 3-1　产品分成分配流程图

六、经济评价基本参数

（1）天然气价格。天然气价格为处理厂的出厂价格，采用“净回价”法分高、中、低 3 套方案进行预测，计算方式为 LNG 离岸价减去关税、液化费及管输费，天然气价格取值见表 3-4。

表 3-4　天然气价格取值表　（单位：美元 / 千立方英尺）

序号	项目	高方案	中方案	低方案
1	LNG 离岸价	9.457	8.337	7.217
2	关税、液化及管输费		3.617	
3	处理厂净回价	5.84	4.72	3.6

（2）凝析油价格。凝析油价格与 Brent 价格挂靠，预计出厂价比 Brent 价格低约 10 美元 / 桶，见表 3-5。

表 3-5　凝析油价格取值表　（单位：美元 / 桶）

序号	项目	高方案	中方案	低方案
1	Brent 价格	80	70	60
2	凝析油出厂价	70	60	50

（3）商品率：天然气和凝析油商品率取98%。

（4）固定资产折旧率：取10%。

（5）折现率：取10%。

七、投资估算

根据已有的单井钻完井、修井及地面投资，结合气藏工程、采气工程和地面工程提供的工作量对本方案建设投资进行估算，本方案建设投资主要包括前期投资、新井钻完井投资、老井修复投资以及地面建设投资。

（1）前期投资：某两个气田2013—2018年已发生前期投资合计487.68百万美元。

（2）新井钻完井（含储层改造）投资：某两个气田直井工作量共计5口（评价井），大斜度井（水平井）工作量共计55口，气藏各方案钻完井工作量及投资（含储层改造）详见表3-6。

表3-6　钻完井工作量及投资估算表　（单位：百万美元）

序号	油气田	C气田			H气田	合计
	组	A组	C组	M组	A组	
1	直井单井投资	4.1	7.3	3.1	4.6	
2	直井单井储层改造投资				1	
3	大斜度井（水平井）单井投资	9	11.3	7.7	9.4	
4	大斜度井（水平井）单井储层改造投资			1.2	3.5	
5	直井钻井工作量		1口		4口	5口
6	直井储层改造工作量				4口	4口
7	大斜度井（水平井）钻井工作量	5口	8口	4口	38口	55口
8	大斜度井（水平井）储层改造工作量			4口	16口	20口
9	钻完井总投资	45	97.7	35.6	435.6	613.9

（3）老井修复投资：根据气藏工程提供的方案设计，需要对 11 口井进行修井作业，投资估约 5.1 百万美元。

（4）地面投资：某两个气田地面投资合计约 578 百万美元。地面投资估算计划见表 3-7。

表 3-7　地面投资计划表　（单位：百万美元）

年份	2018 年	2019 年	2020 年	2021 年	2022 年	2023 年	2024 年
地面工程投资	0.0	29.8	59.7	67.8	118.5	48.8	9.0
年份	2025 年	2026 年	2027 年	2028 年	2029 年	2030 年	2031 年
地面工程投资	4.5	7.2	24.4	36.2	47.9	4.5	14.5
年份	2032 年	2033 年	2034 年	2035 年	2036 年	2037 年	2038 年
地面工程投资	19.9	18.1	29.8	22.6	14.5	0.0	0.0

（5）总投资估算：C 气田及 H 气田开发方案总投资 1684.7 百万美元，投资计划见表 3-8。

表 3-8　投资计划表　（单位：百万美元）

序号	项目	合计	2018 年	2019 年	2020 年	2021 年	2022 年	2023 年
1	建设投资	1684.7	487.7	29.8	166.4	246.4	292.1	209.0
1.1	前期投资	487.7	487.7					
1.2	钻井投资	613.9	0.0	0.0	106.7	178.6	169.2	159.4
1.3	修井投资	5.1					4.4	0.7
1.4	地面工程	578.0		29.8	59.7	67.8	118.5	48.8
序号	项目	2024 年	2025 年	2026 年	2027 年	2028 年	2029 年	2030 年
1	建设投资	9.0	4.5	7.2	24.4	36.2	47.9	4.5
1.1	前期投资							
1.2	钻井投资							
1.3	修井投资							
1.4	地面工程	9.0	4.5	7.2	24.4	36.2	47.9	4.5

续表

序号	项目	2031年	2032年	2033年	2034年	2035年	2036年	2037年
1	建设投资	14.5	19.9	18.1	29.8	22.6	14.5	0.0
1.1	前期投资							
1.2	钻井投资							
1.3	修井投资							
1.4	地面工程	14.5	19.9	18.1	29.8	22.6	14.5	0.0

八、费用估算

（1）操作费：固定操作成本为1万美元/（井·月），天然气单位可变操作成本为600美元/百万立方英尺，凝析油单位可变操作成本为6美元/桶。

（2）管理费：某两个气田管理费估约17.6百万美元/年，按各组气藏每个方案产能占C气田及H气田总产能的比例进行分摊。

（3）弃置费：本项目经济评价中，弃置费的计取按总投资的10%估算，在经营期最后4年平均流出。

（4）其他费用：培训费、社区建设费、地租、生产定金、商业生产定金依据合同条款计算。

（5）总费用：方案总费用估算见表3-9。

表3-9 成本及费用估算表 （单位：百万美元）

项目	操作费	管理费	弃置费	其他费用	合计
某两个气田	2026.60	616.00	168.47	127.45	2938.52

九、经济评价结果

1. 高价格下经济效益

在天然气价格5.84美元/千立方英尺、凝析油价格70美元/桶及10%的折现率下，项目财务净现值859.47百万美元，内部收益率18.75%，具有较好的盈利能力和抗风险能力，见表3-10。

表 3-10　高价格下经济评价结果表

序号	项目	某两个气田
1	天然气商品量（亿立方米）	720.26
2	凝析油商品量（万吨）	335.23
3	成本回收（百万美元）	3811.27
4	分成收入（百万美元）	6716.06
5	所得税（百万美元）	1638.37
6	NPV@10%（百万美元）	859.47
7	IRR	18.75%
8	T_P（年）	7.90

注：投资回收期从 2018 年算起。

在高价格下，项目投产当年净现金流转正，投产后 2 年 9 个月能回收全部建设期投资，合同期内能为合同者带来持续稳定的净现金流入，见图 3-2。

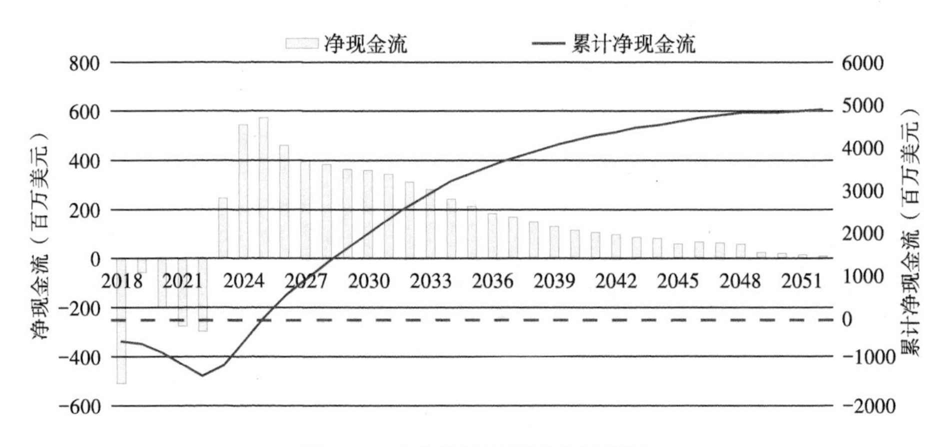

图 3-2　高价格下方案现金流量图

2. 中价格下经济效益

在天然气价格 4.72 美元 / 千立方英尺、凝析油价格 60 美元 / 桶及 10%

的折现率下，项目财务净现值 469.46 百万美元，内部收益率 15.14%，具有较好的盈利能力和抗风险能力，见表 3-11。

表 3-11　中价格下经济评价结果表

序号	项目	某两个气田
1	天然气商品量（亿立方米）	720.26
2	凝析油商品量（万吨）	335.23
3	成本回收（百万美元）	3811.27
4	分成收入（百万美元）	4954.08
5	所得税（百万美元）	1232.21
6	NPV@10%（百万美元）	469.46
7	IRR	15.14%
8	T_P（年）	8.70

注：投资回收期从 2018 年算起。

在中价格下，项目投产当年净现金流转正，投产后 3 年 9 个月能回收全部建设期投资，合同期内能为合同者带来持续稳定的净现金流入，见图 3-3。

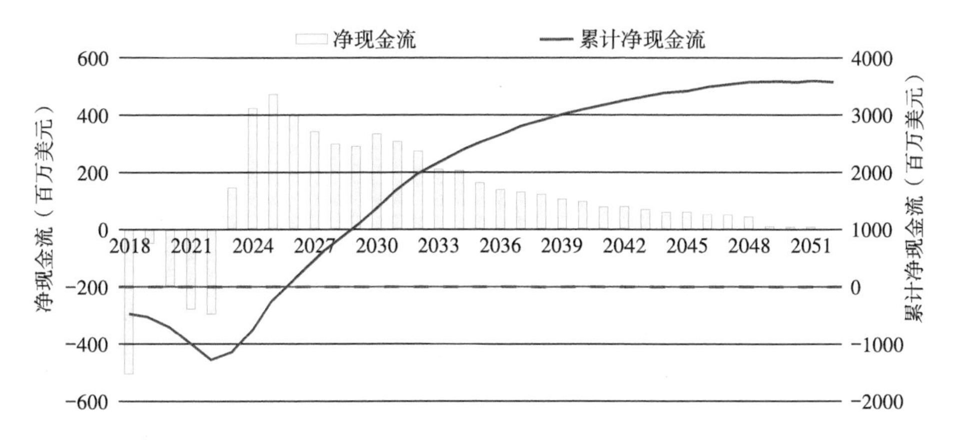

图 3-3　中价格下现金流量图

3. 低价格下经济效益

在天然气价格 3.6 美元 / 千立方英尺、凝析油价格 50 美元 / 桶及 10% 的折现率下，项目财务净现值 71.28 百万美元，内部收益率 10.85%，见表 3-12。

表 3-12 低价格下经济评价结果表

序号	项目	某两个气田
1	天然气商品量（亿立方米）	720.26
2	凝析油商品量（万吨）	335.23
3	成本回收（百万美元）	3811.27
4	分成收入（百万美元）	3192.11
5	所得税（百万美元）	787.22
6	NPV@10%（百万美元）	71.28
7	IRR	10.85%
8	T_P（年）	10.07

注：投资回收期从 2018 年算起。

在低价格下，项目投产当年净现金流转正，投产后 5 年 1 个月能回收全部建设期投资，见图 3-4。

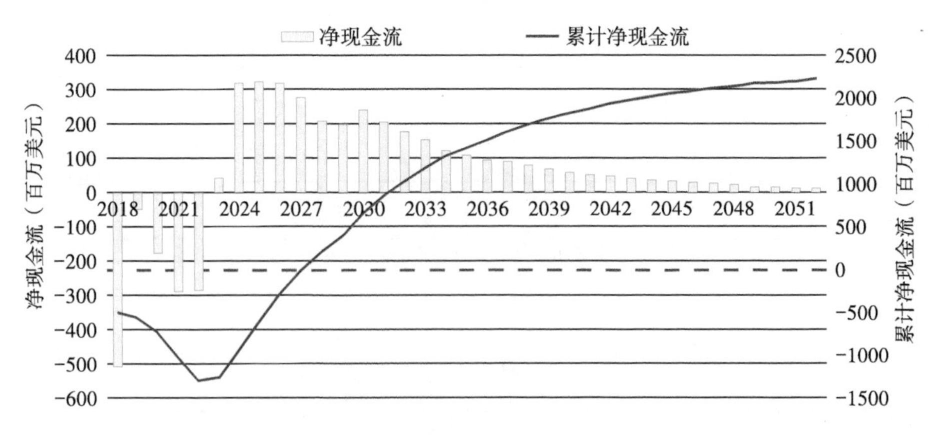

图 3-4 低价格下现金流量图

十、敏感性分析

1. 单因素分析

为判断项目评价期内产量、投资、操作费、油气价格各因素的变化对方案 NPV 的影响程度，本次针对中价格为基准价格进行了单因素变化的敏感性分析，见表 3-13、图 3-5。

表 3-13　NPV 的敏感性分析表　　　　（单位：百万美元）

变动幅度	产量（亿立方米）	投资（百万美元）	操作成本（百万美元）	天然气价格（美元 / 千立方英尺）	凝析油价格（美元 / 桶）
-20%	234.95	562.86	528.97	159.85	430.36
-15%	304.84	536.67	513.27	245.28	440.14
-10%	366.15	510.80	497.58	331.85	449.91
-5%	418.45	488.50	483.52	402.94	459.69
0%（基准）	469.46	469.46	469.46	469.46	469.46
5%	522.08	450.40	455.21	539.23	479.14
10%	578.94	431.27	440.96	618.63	488.78
15%	637.73	412.05	426.69	698.81	498.84
20%	695.92	391.68	412.36	771.07	509.73

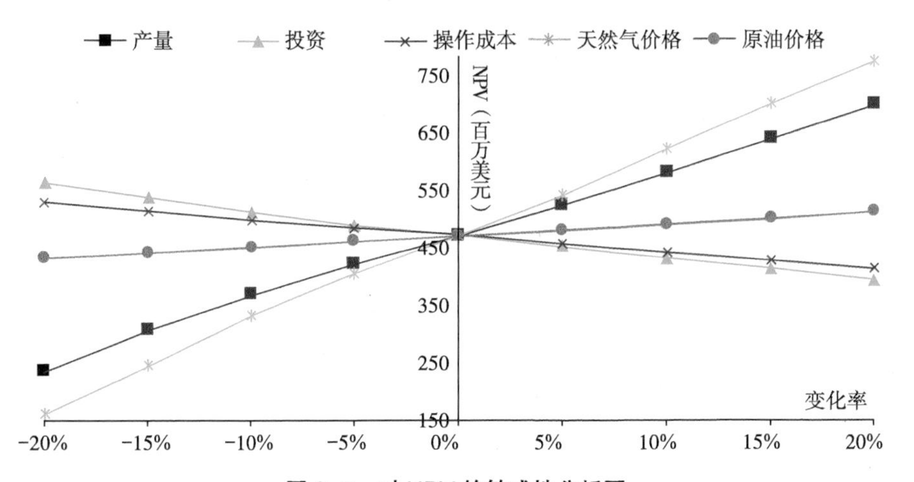

图 3-5　对 NPV 的敏感性分析图

本项目效益受天然气价格和产量的变化影响最为敏感，投资和操作成本次之。

2. 双因素分析

为判断项目评价期内天然气价格和产量这两个最为敏感因素的联动变化对方案 NPV 的影响程度，本次以中价格为基准价格进行了双因素变化的敏感性分析，见图 3-6，项目有较好的盈利能力和抗风险能力。

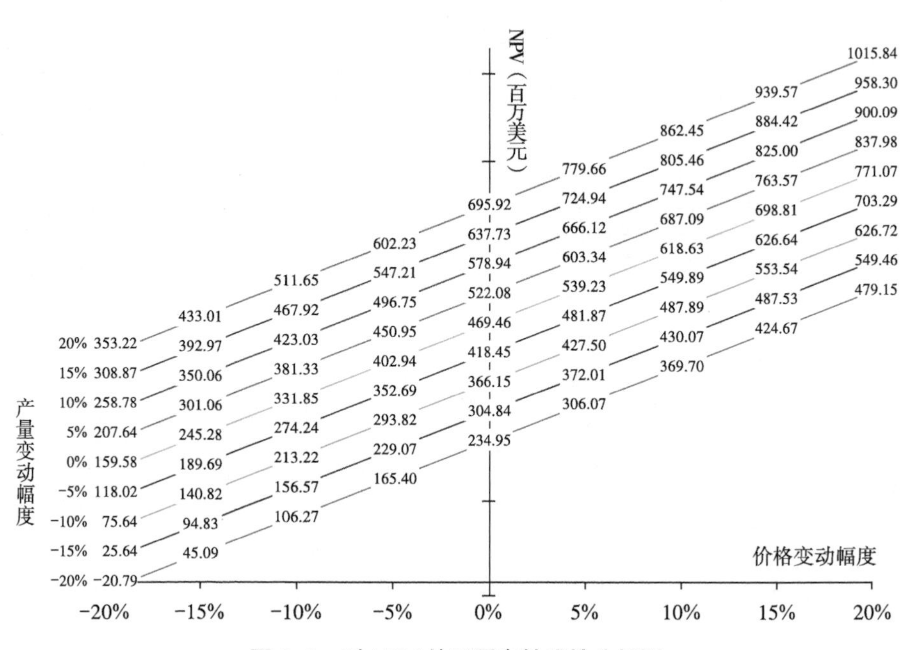

图 3-6　对 NPV 的双因素敏感性分析图

十一、结论

（1）项目投资合计 1684.68 百万美元、费用合计 2934.52 百万美元。

（2）在高价格即天然气价格 5.84 美元 / 千立方英尺、凝析油价格 70 美元 / 桶及 10% 的折现率下，项目财务净现值 859.47 百万美元，内部收益率 18.75%，投资回收期 7.90 年。

在中价格即天然气价格 4.72 美元 / 千立方英尺、凝析油价格 60 美

元 / 桶及 10% 的折现率下，项目财务净现值 469.46 百万美元，内部收益率 15.14%，投资回收期 8.70 年。

在低价格即天然气价格 3.6 美元 / 千立方英尺、凝析油价格 50 美元 / 桶及 10% 的折现率下，项目财务净现值 71.28 百万美元，内部收益率 10.85%，投资回收期 10.07 年。

（3）在现有技术经济条件下，在高、中价格下某两个气田产品分成协议项目投资回收期较短，具有较好的抗风险能力，该项目在开发方案上可行，合同者可获得一定的投资回报；低价格下项目盈利能力和抗风险能力较弱。

第四章
海外油气开发调整方案经济评价关键技术与实践

第一节　海外油气开发调整方案经济评价关键技术

一、概述

开发调整方案是在气田开发实际情况与开发方案设计指标有较大差异时，或针对气田开发中后期开发暴露的矛盾，为改善开发效果、提高经济可采储量进行编制。开发调整方案主要是对开发井网或层系、开发方式、井身结构、钻采气工艺、年产规模、地面布局、集输与处理工艺和流程等进行必要的调整。

开发调整方案应按全生命周期口径对项目整体开发方案进行描述，对原开发方案已发生工作量及其开发效果、经济性进行总结，对拟新增工程量进行论证，并按增量法测算新增投资和增量效益，将增量效益是否达标和对项目整体效益的正向拉动作为批复依据。开发调整方案批复后，原批复的开发方案相应终止实施。

海外油气开发调整方案应以油气田开发动态分析及阶段开发效果评价资料为基础，通过对调整区块开展气藏精细描述和开发效果分析评价，明确剩余可采储量分布及开发调整潜力，为提高开发井网对储量的控制程度，对现有开发井网或层系进行必要的调整，辅之以工艺流程和地面系统的优化调整；合理确定调整工作量，预测调整效果；进行投入产出分析和经济评价；实施与风险管控。

海外油气开发调整方案主要内容包括：总论；地质与油气藏工程方案；钻井工程方案；采气工程方案；地面工程方案；质量健康安全环境要求；资金筹措、投资估算和经济效益评价；项目组织及实施要求。各部分主要内容、编制要求参照海外油气田开发方案。

二、主要特征

（1）针对性与实效性：调整方案针对特定的海外油气田，充分考虑其地质条件、储量规模、开采现状等因素，旨在通过优化开发策略和技术手段，实现更高效、更经济的油气开采，确保项目的经济效益。

（2）技术集成与创新：调整方案通常注重技术集成与创新，结合最新的油气勘探开发技术，如水平井技术、压裂技术、智能油田技术等，提升油气田的开采效率和采收率。同时，调整方案也会考虑采用环保和节能技术，降低开发过程中的环境影响。

（3）风险管理与安全控制：海外油气田开发涉及诸多风险，包括地质风险、市场风险、政治风险等。调整方案需要充分考虑这些风险因素，制定完善的风险管理措施，确保项目的安全稳定运行。同时，调整方案还会加强安全控制，防范事故和灾害的发生。

（4）合作与共赢策略：海外油气田开发往往需要与当地政府、合作伙伴等多方进行合作。调整方案通常会注重合作与共赢的策略，通过建立良好的合作关系，实现资源共享、优势互补，共同推动油气田的开发和运营。

（5）灵活性与可持续性：考虑到海外油气市场的变化和油气田自身的生命周期，调整方案需要具备较高的灵活性，能够根据实际情况进行适时调整。同时，调整方案也会注重可持续性，确保油气田的长期开发和利用，实现经济效益、社会效益和环境效益的协调发展。

三、经济评价关键技术

海外油气开发调整方案经济评价一般采用有无对比方法，不是调整前和后的对比，而是调整后（“有项目”）的未来情况与不调整（“无项目”）的未来情况相互对比，并且用总量指标和增量指标判断项目财务可行性和经济合理性。

增量经济评价法以增量的投入及产出进行现金流量分析，计算项目的经济效益。增量经济评价指标是判断项目财务可行性和经济合理性的基本指标，并作为项目决策的主要依据。该方法是海外油气开发调整方案一般采取的经济评价方法，具体操作步骤如下：一是确认增量经济评价的基础数据，识别并确定有无项目的投入及产出，包括建设投资、产量、价格、费率及税率等基础数据；二是根据有项目的投入及产出减去无项目的投入及产出，以合同模式和财税条款为基础编制增量经济评价报表，计算出增量税后内部收益率、净现值及投资回收期等经济指标，判断项目增量的盈利能力、偿债能力及财务生存能力。

增量法的评价步骤是：首先，确定不调整产生的现金流量；其次，确定调整产生的现金流量；再次，计算“有项目”和“无项目”的增额现金流量；最后，针对“有项目”和“无项目”进行绝对效果和相对效果检验。

在实际工作中，对于有项目状态数据的确定不会存在问题，但对于无项目状况的界定易出现错误，无项目状态界定的重点和难点在于目前特定条件下的一个经营临界点，它随时间及企业内在和外在条件的不同而变化，而无项目状态体现的是不进行改扩建时企业生产的一个时间系列，在具体分析时，涉及 5 种数值。一是“现状”数据，指项目实施起点时的效益与费用情况，是单一的状态值。现状数据的时点应定在建设期初。若预期建设期初的情况与评价时点不同，应对现状数据进行合理预测。二是“无项目”数值，指不实施该项目时，在现状基础上考虑计算期内费用和效益的变化趋势，经合理预测得出的数值序列。三是“有项目”数据，指实施该项目后计算期内的费用和效益数据，也是一个数值序列。四是新增数据，是有项目相对现状的变化额。五是增量数据，是有无项目效益和费用的差额，即有无对比得出的数据，是经济评价中采用的数据。

以上5种数据中“无项目”数据的预测是一难点，也是增量分析的关键所在，现状数据是固定不变的，“无项目”数据是很可能发生变化的。如果不区分项目的情况，一律简单地用现状数据代替无项目数据，可能会影响增量数据的可靠性，盈利能力分析结果的准确性也会受到影响。

第二节　海外油气开发调整方案经济评价实践

一、评价范围

本次针对某油田开发调整方案进行经济评价，仅包含上游勘探开发阶段。

二、评价依据

（1）《某油田技术服务合同》；

（2）《某油田某年开发方案》；

（3）与某国签署的有关协议及各方案批复函；

（4）某国石油相关法律及税法；

（5）其他与经济评价相关的数据。

三、经济评价方法

本次评价主要采用了现金流折现法，其目的在于考察项目投资的盈利水平。为了达到这一目的，要计算的财务指标包括净现值（NPV）、内部收益率（IRR）以及投资回收期（T_P）。

四、合同模式及财税条款

本项目合同模式为技术服务合同。

（1）合同期：合同有效期为2007—2028年。

（2）合同者与政府参股权益：合同者与某国政府在某油气田的参股比例分别为60%和40%。

（3）产量目标：初始生产目标为平均日产量不低于1.5万桶/天，2年内达成，且已移交；高峰产量为15.5万桶/天，8年内达成，稳产9年。在2015年已经达到高峰产量目标。

（4）成本回收：石油成本包括操作成本和资本性支出，在达到初始生产目标后开始回收石油成本和报酬费，按季度结算。在回收上限内回收，未回收可结转，资本性支出按照8年摊销回收。

服务费包括石油成本和报酬费。每季度的应付服务费不能超过该季度的净产值（净产量×出口油价），未付服务费可结转至下季度，直至全部付清。

（5）报酬费：通过对当年R因子的计算，确定相应的单桶报酬费。

$$\text{报酬费}=\text{单桶报酬费}\times\text{净产量}$$

$$R=\frac{\text{累计收入}}{\text{累计支出}}$$

式中　累计收入——回收的服务费用，即石油成本+报酬费；

累计支出——石油成本。

单桶报酬费与R因子的关系见表4-1。

（6）所得税：2013年前所得税税率为10%，2013年后所得税25%，税基为当年实际所得报酬费，税收可以返还。

表 4-1　单桶报酬费与 R 因子关系

R 因子	单位报酬费用（美元 / 桶）
$R<1.5$	5.2
$1.5<R<2.0$	3.4
$2.0<R<3.0$	2
$R>3.0$	1.5

（7）培训和教育基金：合同期内，每年 15 万美元，不可回收。

五、收入分配流程图

根据技术服务合同，其分配流程见图 4-1。

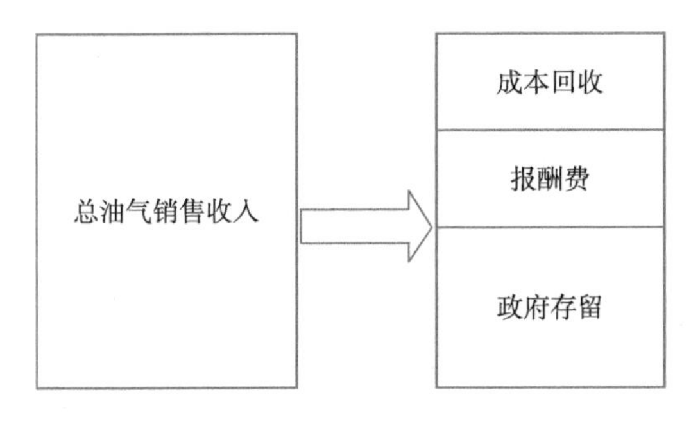

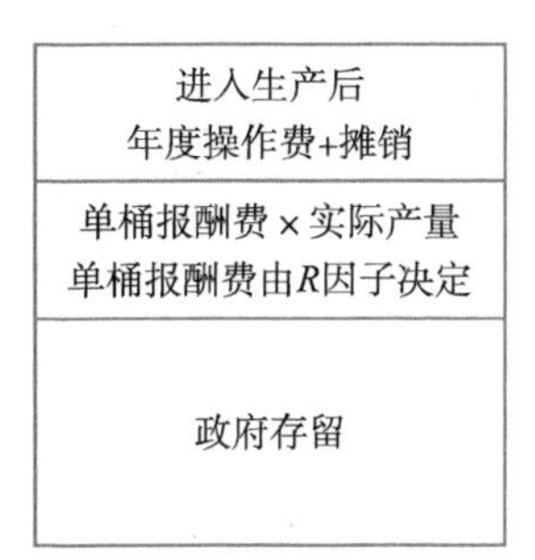

图 4-1　技术服务合同分配流程图

六、经济评价基本参数

（1）油气价格：历史年份油价取实际原油实现价格，预测期基准油价以布伦特油价为基准，考虑贴水 10 美元 / 桶。

（2）商品率：根据历史销售情况，商品率为 95%。

（3）折现率：取 10%。

七、方案设计及产量预测

根据目前油藏特点设计了 3 个方案，3 个方案剩余合同期内累产分别为 1.17 亿桶、2.09 亿桶和 2.53 亿桶。截止到 2022 年 12 月累计产量为

1.8 亿桶，合同期内累产 2.97 亿桶、3.89 亿桶和 4.33 亿桶。

八、投资估算

本方案的投资包括合同期内的钻完井投资、地面工程建设投资及其他投资。各项投资估算中，2007—2022 年为实际发生投资，2023 年以后至 2028 年为预测值。其他投资主要包括三维地震采集处理解释费用、开发方案研究及相关地质油藏综合研究费用、开发辅助工程以及公用工程等。

（1）前期投资：截止到 2022 年底，项目实际完成投资 4316 百万美元，其中勘探投资 15 百万美元，开发井投资 1894 百万美元，地面工程投资 2007 百万美元，社区公益项目 3 百万美元，其他投资 392 百万美元，不可回收成本 5 百万美元。

（2）钻完井投资：方案一无新井工作量，故无新井钻完井投资；方案二侧钻 11 口；方案三钻新井 37 口，侧钻 11 口，详见表 4-2。

表 4-2　钻完井投资估算表

方案	时间	新井合计（口）	侧钻合计（口）	侧钻钻完井费用合计（百万美元）
方案二	2024 年		3	7.96
	2025 年		4	12.28
	2026 年		4	13.28
	合计		11	33.52
方案三	2024 年	7	0	13.57
	2025 年	10	3	72.15
	2026 年	15	4	92.36
	2027 年	5	4	47.26
	合计	37	11	225.34

（3）地面投资：不同地面投资估算计划见表 4-3。

表 4-3　地面投资计划表　　（单位：百万美元）

方案	合计	2023 年	2024 年	2025 年	2026 年	2027 年
方案一	93.758	73.545	8.098	3.654	4.767	3.694
方案二	95.168	74.028	8.915	3.697	4.823	3.705
方案三	109.988	75.085	9.025	7.825	10.230	7.823

（4）总投资估算：不同方案投资估算见表 4-4。

表 4-4　各方案 2023 年后投资合计　　（单位：百万美元）

2022 年前投资			2023—2028 年投资	合同期
方案一	资本性支出（百万美元）	3901	94	3995
	钻井（百万美元）	1894	—	1894
	地面设施（百万美元）	2007	94	2101
方案二	资本性支出（百万美元）	3901	129	4030
	钻井（百万美元）	1894	34	1928
	地面设施（百万美元）	2007	95	2102
方案三	资本性支出（百万美元）	3901	335	4236
	钻井（百万美元）	1894	225	2119
	地面设施（百万美元）	2007	110	2117

九、资金来源与融资方案

按照技术服务合同，所有的投资费用由合同者和资源国政府按持股比例承担。其中合同者承担 60% 的资金支出，资金来源为母公司进行筹款；资源国政府按照年度预算向某国石油部申请资金，并按照合同者发出的现金催缴通知支付份额资金，截至目前其支付正常。

十、生产成本费用估算

某油田油藏地质条件相对较差，油层薄，单井产量低。随着油藏压力下降，实行规模注水开发，进入中高含水阶段后，开采方式主要为潜油电泵，同时维持油田稳产还需要进行大量措施作业。另外，油田中心处理站生产工艺全面、复杂，设备量大，除了传统的油、气、水工艺系统和油田发电厂，按照合同约定，油田还建有完善的天然气处理系统，对油田伴生气进行处理，生产干气、LPG 和硫磺，供当地电厂和居民使用。以上因素决定了该油田的操作费和桶油成本对比该国境内其他油田来说相对较高。

自油田产量达到高峰产量后，历史油田综合单位操作费基本维持在 7 美元 / 桶以上的水平在运行。2017 年以来，项目实施了大量降本增效措施，通过降低合同价格、压缩生产支持性支出、优化生产运行安排，操作费用有所降低。

该油田的单位操作成本主要由直接成本、管理费和安保费组成。直接操作成本包括修井作业、生产测井及测试、油藏动态监测、酸化、气举及连续油管作业、ESP 服务、生产用的各种材料人员服务费，以及生产间接费用。管理费包括生产支持、营地运维、管理服务、HSSE 等发生的各项费用。

油田后期操作以 2022 年实际操作费为基础，结合后期的工作量。参照 2022 年操作成本，可变部分为 5.23 美元 / 桶，固定部分为 64 百万美元，另外每年有 0.75 百万美元安保费用。2023 年后期操作成本按照固定和可变两部分，固定部分每年保持不变，可变部分按照 2022 年单桶可变乘以每年产量，每年均上涨 2%，固定部分保持与 2022 年成本一致。3 个方案操作成本见表 4-5。

表 4-5　3 个方案操作成本估算表　　（单位：百万美元）

方案一				方案二				方案三			
操作成本	管理费	安保费	合计	操作成本	管理费	安保费	合计	操作成本	管理费	安保费	合计
1986	723	10		2076	723	10		2163	723	10	

十一、经济评价结果

1. 合同期方案比选

根据开发方案、投资估算以及上述设定的各项参数，开展经济评价，测算 3 个不同方案的经济效益，见表 4-6 至表 4-8。

表 4-6　方案一经济评价结果表

1	合同者指标	合同期指标
2	报酬费（百万美元）	5012
3	累计现金流（百万美元）	5589
4	财务净现值（百万美元）	1885
5	财务内部收益率（%）	12.38
6	回收期（年）	8.96

表 4-7　方案二经济评价结果表

1	合同者指标	合同期指标
2	报酬费（百万美元）	5117
3	累计现金流（百万美元）	5641
4	财务净现值（百万美元）	1935
5	财务内部收益率（%）	12.84
6	回收期（年）	8.96

表 4-8　方案三经济评价结果表

1	合同者指标	合同期指标
2	报酬费（百万美元）	5231
3	累计现金流（百万美元）	5778
4	财务净现值（百万美元）	2023
5	财务内部收益率（%）	13.02
6	回收期（年）	8.96

2. 增量方案比选

根据开发方案、投资估算以及上述设定的各项参数，开展增量经济评价，测算不同方案的经济效益，见表 4-9。

表 4-9　方案增量经济评价指标

增量指标	方案二	方案三
增量投资（百万美元）	57	189
增量产量（百万桶）	45	56
增量内部收益率（%）	108	112
增量财务净现值（百万美元）	32	48
增量现金流（百万美元）	89	115

注：折现时间为 2023 年 1 月 1 日（增量效益）。

3 个方案内部收益率分别为 12.38%、12.84% 和 13.02%，合同者净现值分别为 1885 百万美元、1935 百万美元和 2023 百万美元，累计现金流分别为 5589 百万美元、5641 百万美元和 5778 百万美元。3 个方案经济效益差别不大。

项目自 2007 年启动以来，已运作了 15 年以上，整个合同期已过半，考虑到资金的时间价值，2023 年以后年度的投入和产出对整个项目合同期的效益影响相对程度较小。根据增量净现值和累计现金流，方案二和方案三追加投资均有增量经济效益，结合技术可行性和经济效益推荐方案二。

十二、敏感性分析

以推荐方案对合同者的经济指标开展产量、投资、操作费和油价的敏感性分析，数据见表 4-10。从表中可以看出，在一定变动范围内，合同者的经济性对产量最为敏感，投资次之，油价在目前假设情况下对经济效益没有影响。

表 4-10　敏感性分析表

序号	不确定因素	变化率	内部收益率
1	产量	-15%	12.55%
		-10%	12.62%
		-5%	12.77%
		5%	15.89%
		10%	16.01%
		15%	16.23%
2	油价	-15%	12.84%
		-10%	12.84%
		-5%	12.84%
		5%	12.84%
		10%	12.84%
		15%	12.84%
3	投资	-15%	12.90%
		-10%	12.87%
		-5%	12.85%
		5%	12.82%
		10%	12.80%
		15%	12.77%
4	操作费	-15%	12.84%
		-10%	12.84%
		-5%	12.84%
		5%	12.83%
		10%	12.83%
		15%	12.83%

（1）产量是技术服务合同下合同者利润的源泉，将给合同者带来3.4美元/桶的报酬费（尽管单桶报酬费率与 *R* 因子有关，但考虑到油田总

的投资和操作费支出规模较大，油田产量规模带来的净收入有限，预计 R 因子在合同期内将保持在现有台阶 1.5 ～ 2.0 内变动），因此以合理的代价来提升油田的产量是项目后期运作的关键。

（2）项目的回收上限为油田原油收入的 100%，油价在一定变动范围内，回收池足够回收服务费，因此对油价极不敏感。

（3）按照合同规定，投资支出将按照 8 年摊销进行回收，因此对合同者效益的影响也比较明显。但若与产量同幅度变化，敏感度小于产量。因此通过合理增加投资（如增加新井）来增产或维持稳产，也是后期的重要策略之一。

（4）操作费发生后即进入回收池进行回收，回收方式优于投资，因此通过合理增加操作费来增产或维持稳产是后期生产策略的首选。

十三、经济评价结论及建议

综上所述，经济评价结论和建议为：

（1）目前规划的 3 个方案均有经济效益，增量投资也均有经济效益。

（2）推荐方案二在目前生产井的基础上侧钻 11 口新井，合同者全周期内部收益率为 12.84%，净现值为 1935 百万美元，全周期累计现金流为 5641 百万美元。

（3）项目已实现投资回收。敏感性分析表明，项目运营风险很小；增量评价表明，如能进一步追加投资提高产量，可增加合同者投资收益。

第五章
海外油气新项目经济评价关键技术与实践

第一节 海外油气新项目经济评价关键技术

一、概述

海外油气新项目评价主要指对海外目标油气资产开展技术和经济评价工作，准确评估目标油气资产的现状、特征、潜力、风险以及价值区间，为管理层提供决策依据。新项目评价按项目类型分为勘探类、开发类、勘探开发类（公司并购）；按评价难度分为系统评价、快速评价和机会研究。

新项目评价是油公司海外业务的第一道关键环节，评价环节成功与否决定能否以低成本成功获取项目；能否按照预期运营并获得预期的经济效益。

新项目评价一般包括勘探资产评价、开发资产评价、工程评价和经济评价四大评价体系。总体上可将其分 3 个阶段 7 个步骤，如图 5-1 所示。

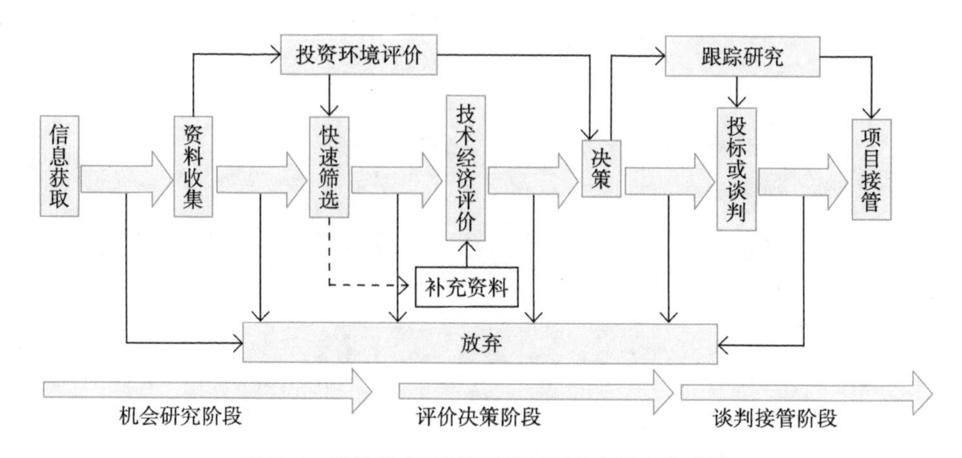

图 5-1　海外油气田新项目开拓程序及实施步骤

新项目评价系统技术路线如图 5-2 所示。

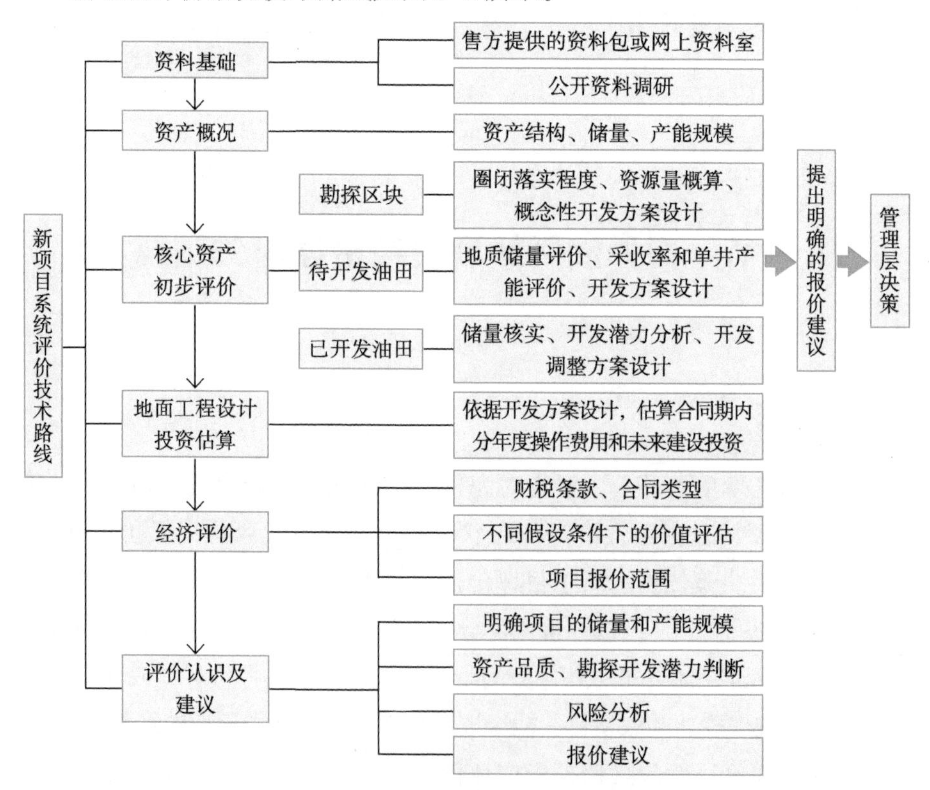

图 5-2　新项目评价系统技术路线

海外油气新项目评价的主要内容包括多个方面，涵盖了从技术可行性到经济效益的全方位考量。以下是详细的主要内容和步骤：

首先，新项目评价会从资源角度出发，对油气藏的地质特征进行详细描述，包括对储量的核实与评估，以及对油气资源潜力的分析。这一步骤是新项目评价的基础，直接关系到项目的潜在价值和可开发性。

其次，技术评价也是新项目评价的重要一环，包括对勘探开发技术的评估，以确保所选技术能够适应项目的实际情况，并达到预期的开采效果；同时，还需对项目钻井、采油采气、地面工程进行评估，确保工程的合理性和可行性。

此外，经济效益预测也是新项目评价的核心内容之一，涉及对项目的合同模式、财税条款、投资估算、生产成本分析以及市场需求预测等多个方面。通过对这些因素的综合考量，可以准确评估项目的经济效益，为投资决策提供重要依据。

除了以上几个主要方面，新项目评价还会考虑项目的风险性，包括对政治风险、经济风险、技术风险等多种因素的评估。通过风险分析，可以制定相应的风险应对策略，降低项目的风险水平。

最后，在评价过程中还会关注项目的可持续性，包括对环境影响的评估，以及对当地社会和经济的影响的考量。通过综合评估这些因素，可以确保项目在实施过程中能够实现经济效益、社会效益和环境效益的协调发展。

综上所述，海外油气新项目评价的主要内容包括资源评价、技术评价、经济效益预测、风险分析以及可持续性评估等多个方面。这些内容的综合考量将有助于油公司做出明智的投资决策，确保项目的成功实施和可持续发展。

二、主要特征

（1）时效性：油气开发项目通常具有较长的周期，但新项目评价需要在项目初期就进行，以便及时做出决策。因此，评价过程需要高效、准确，以便在有限的时间内得出可靠的结论。

（2）系统工程性：新项目评价是一个系统工程，它集投资环境、技术、合同和经济评价于一体，进行综合评价和决策。这要求评价过程必须全面、细致和深入，涉及项目经营的内部复杂结构和外部广泛联系。新项目技术经济评价涉及地震、地质、测井、油藏工程、钻井、采油、地面工程、经济评价等多个专业类别，需要整合不同专业背景的技术人员，在较短时间内快速完成高质量的技术经济评价，为领导决策提供依据。

（3）风险性：海外油气新项目评价带有极大的风险性。这主要是因为需要在有限的时间内对项目的潜力进行认知，评价内容广泛且涉及多方面的信息。技术评价的可靠性常受到资料少、错误或虚假信息以及评价者水平等多种因素的影响。因此，评价过程必须有可指导和遵循的程序和规范，以降低风险并避免错过好的投资机遇。

（4）多因素融合性：海外油气新项目评价不仅要考虑技术和经济因素，还要考虑政治、法律、环保和社会等多方面的因素，这些因素都可能对项目的可行性和盈利能力产生影响。另外，海外油气市场环境快速变化，评价工作需要及时响应市场动态，灵活调整评价策略和方法，以适应不断变化的外部条件。

三、经济评价关键技术

海外油气新项目经济评价技术体系如图 5-3 所示，关键技术主要包括以下几个方面。

储量与产量预测技术：涉及对油气藏地质特征、储层物性、流体性质等的深入研究，通过地震解释、地质建模、储层评价等手段，准确预测油气藏的储量和可采储量。同时，利用生产历史数据和动态监测资料，结合数值模拟和统计分析方法，对油气藏的产量进行预测，为经济评价提供可靠的数据支持。

合同模式与财税条款分析技术：每种合同模式都有其特定的运作方式和风险收益分配机制。通过阅读分析石油合同，理解分析不同合同模式下石油公司支付税费的方式和比例，以及这些税费对石油公司成本和收益的影响；同时，还需要考虑合同模式对石油公司资金流动和现金流管理的影响，以及合同稳定性对长期投资和运营的影响。为构建经济评价模型，对财税条款进行量化分析奠定基础。

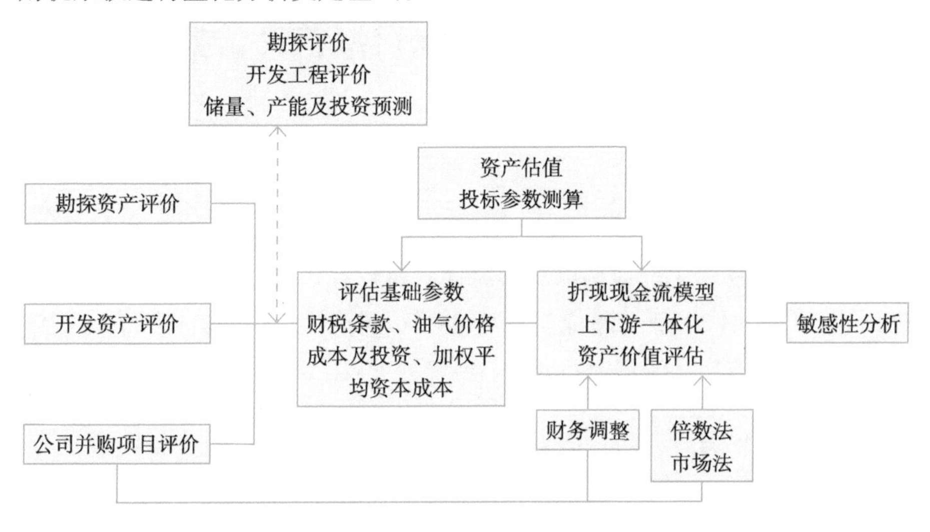

图 5-3　经济评价技术体系

参数选取估算与效益分析技术：包括对油气价格、商品率、折现率等经济评价基本参数选取，勘探开发投资、生产成本、税费等各项费用的详细估算，以及对项目投资回收期、内部收益率、净现值等经济效益指标的计算和分析。通过构建经济评价模型，综合考虑不同评价角度，评估项目的经济效益和抗风险能力。

敏感性分析与风险评估技术：通过对关键参数如油价、产量、成本、投资等进行敏感性分析，可以了解这些参数变化对项目经济效益的影响程度，从而制定相应的风险应对策略；同时，结合地质、技术、市场等多方面的因素，对项目进行全面的风险评估，确保项目的稳定性和可持续性。

决策优化技术：通过综合运用多目标决策分析、模糊综合评价、情景分析等方法，对多个可行的方案进行比选和优化，选出经济效益最优的方案。这有助于油公司在复杂的国际油气市场中做出明智的投资决策，实现项目的长期稳定发展。

第二节　海外油气新项目经济评价实践

一、评价范围

本次针对某国3个拟购区块的整体开发设计进行经济评价。方案建设期3年，开发期20年，评价期共计23年。根据商务架构，进行上、中、下游一体化整体项目经济效益评价。

二、评价依据

（1）某石油公司（合同者）与某国政府签订的石油合同；

（2）3个区块整体开发设计；

（3）某国相关行业及企业标准；

（4）某国石油天然气相关法律及税法；

（5）其他与经济评价相关的数据。

三、经济评价方法

本次评价主要采用了现金流折现法。其目的在于考察项目投资的盈利水平，为了达到这一目的，要计算的财务指标包括净现值（NPV）、内部收益率（IRR）以及投资回收期（T_P）。

四、合同模式及财税条款

本项目合同模式为矿税制合同。

（1）净回价（Wellhead Value）：指在估价点的油气产品的价值，本次经济评价中的产品为LNG、凝析油、LPG和清油，估价点为产品交付点。

产品销售收入 = 产品交付量 × 产品销售价格

净回价 = 产品销售收入 − 操作成本 − 折旧摊销 − 资本补贴

（2）DD&A：地下资产年折旧率为 30%；地面资产年折旧率为 10%，评价期末年折旧额为所有资产的折余价值。

（3）资本补贴：合同相关条款规定，资本补贴为任何一年的井口后资本补贴，补贴比例等于上一年 5 年期美国国债利率（3.5%）加上 7%，按井口后资本的折余价值作为计算基础（本次评价暂未考虑）。

（4）矿税及开发税：矿税及开发税的税基为净回价，税率为 2%。

（5）所得税：税率为 30%。

应纳税所得额 = 产品销售收入 − 开发税 − 操作成本 − 折旧摊销 − 其他免税额

所得税 = 应纳税所得额 × 所得税税率 − 矿税

五、收入分配流程图

根据石油合同的约定，收入分配流程见图 5-4。

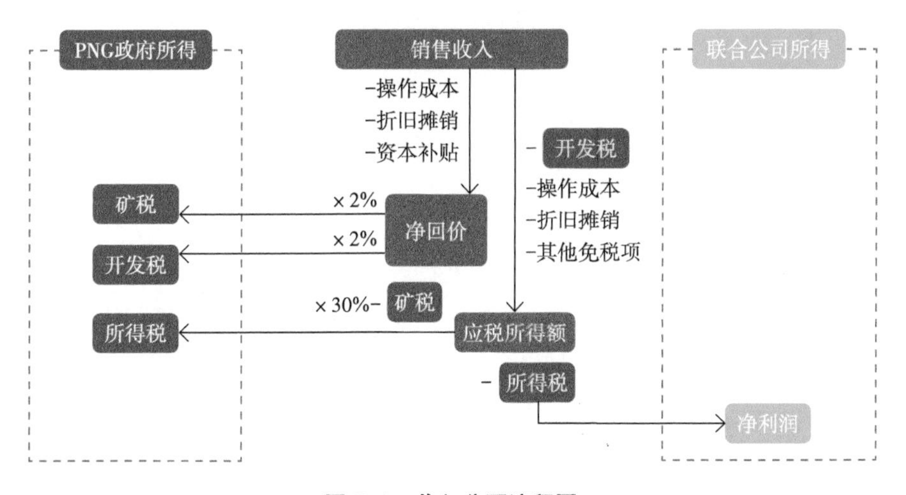

图 5-4　收入分配流程图

六、方案设计及工作量安排

1. 方案一

方案一设计年产能规模100万吨LNG，实际产能规模为108.89万吨LNG，稳产15年，评价期末累计LNG商品量20.69百万吨、凝析油商品量35.81百万桶、LPG1.19百万吨及清油0.54百万吨，工作量详见表5-1。

表5-1 方案一工作量安排

<table>
<tr><th>项目</th><th>2019年</th><th>2020年</th><th>2021年</th><th>…</th><th>2027年</th><th>…</th><th>2032年</th><th>…</th><th>2035年</th><th>合计</th></tr>
<tr><td>新钻直井</td><td></td><td></td><td></td><td></td><td></td><td></td><td>1口</td><td></td><td></td><td>1口</td></tr>
<tr><td>新钻水平井</td><td></td><td></td><td>3口</td><td></td><td></td><td></td><td></td><td></td><td></td><td>3口</td></tr>
<tr><td>新钻污水回注井</td><td></td><td></td><td>2口</td><td></td><td></td><td></td><td></td><td></td><td></td><td>2口</td></tr>
<tr><td>老井修复</td><td></td><td>8口</td><td></td><td></td><td></td><td></td><td>4口</td><td></td><td></td><td>12口</td></tr>
<tr><td rowspan="2">井口至LNG厂地面一期工作量及年度投资占比</td><td colspan="3">集输系统、LNG厂、电厂及内河码头建设</td><td rowspan="2"></td><td>一期增压工程</td><td rowspan="2"></td><td rowspan="2"></td><td rowspan="2"></td><td rowspan="2"></td><td rowspan="2">100%</td></tr>
<tr><td>28.90%</td><td>28.90%</td><td>38.50%</td><td>3.70%</td></tr>
<tr><td rowspan="2">井口至LNG厂地面二期工作量及年度投资占比</td><td rowspan="2"></td><td rowspan="2"></td><td rowspan="2"></td><td rowspan="2"></td><td rowspan="2"></td><td rowspan="2"></td><td>二期集输系统</td><td rowspan="2"></td><td>二期增压工程</td><td rowspan="2">100%</td></tr>
<tr><td>94.50%</td><td>5.50%</td></tr>
<tr><td rowspan="2">LNG厂后地面工作量及年度投资占比</td><td rowspan="2"></td><td colspan="2">6艘LNG船、钢结构码头及FSU</td><td rowspan="2"></td><td rowspan="2"></td><td rowspan="2"></td><td rowspan="2"></td><td rowspan="2"></td><td rowspan="2"></td><td rowspan="2">100%</td></tr>
<tr><td>40%</td><td>60%</td></tr>
</table>

2. 方案二

方案二设计年产能规模130万吨LNG，实际产能规模为130.37万吨LNG，稳产12年，评价期末累计LNG商品量22.41百万吨、凝析油商品量39.85百万桶、LPG1.76百万吨及清油0.83百万吨，工作量详见表5-2。

表 5-2 方案二工作量安排

项目	2019 年	2020 年	2021 年	…	2027 年	…	2032 年	…	2035 年	合计
新钻直井			1 口				1 口			2 口
新钻水平井			4 口							4 口
新钻污水回注井			2 口							2 口
老井修复		8 口					4 口			12 口
井口至 LNG 厂地面一期工作量及年度投资占比	集输系统、LNG 厂、电厂及内河码头建设				一期增压工程					100%
	29.00%	29.00%	38.70%		3.30%					
井口至 LNG 厂地面二期工作量及年度投资占比							二期集输系统		二期增压工程	100%
							94.50%		5.50%	
LNG 厂后地面工作量及年度投资占比		8 艘 LNG 船、钢结构码头及 FSU								100%
		40%	60%							

3. 方案三

方案三设计年产能规模 160 万吨 LNG，实际产能规模为 163.21 万吨 LNG，稳产 9 年，评价期末累计 LNG 商品量 24.37 百万吨、凝析油商品量 44.18 百万桶、LPG1.73 百万吨及清油 0.93 百万吨，工作量详见表 5-3。

表 5-3 方案三工作量安排

项目	2019 年	2020 年	2021 年	…	2027 年	…	2032 年	…	2035 年	合计
新钻直井			1 口				1 口			2 口
新钻水平井			6 口							6 口
新钻污水回注井			2 口							2 口
老井修复		8 口					4 口			12 口

续表

<table>
<tr><th>项目</th><th>2019 年</th><th>2020 年</th><th>2021 年</th><th>…</th><th>2027 年</th><th>…</th><th>2032 年</th><th>…</th><th>2035 年</th><th>合计</th></tr>
<tr><td rowspan="2">井口至 LNG 厂地面一期工作量及年度投资占比</td><td colspan="3">集输系统、LNG 厂、电厂及内河码头建设</td><td rowspan="2"></td><td>一期增压工程</td><td rowspan="2"></td><td rowspan="2"></td><td rowspan="2"></td><td rowspan="2"></td><td rowspan="2">100%</td></tr>
<tr><td>29.10%</td><td>29.10%</td><td>38.80%</td><td>3.00%</td></tr>
<tr><td rowspan="2">井口至 LNG 厂地面二期工作量及年度投资占比</td><td rowspan="2"></td><td rowspan="2"></td><td rowspan="2"></td><td rowspan="2"></td><td rowspan="2"></td><td rowspan="2"></td><td>二期集输系统</td><td rowspan="2"></td><td>二期增压工程</td><td rowspan="2">100%</td></tr>
<tr><td>94.50%</td><td>5.50%</td></tr>
<tr><td rowspan="2">LNG 厂后地面工作量及年度投资占比</td><td rowspan="2"></td><td colspan="2">10 艘 LNG 船、钢结构码头及 FSU</td><td rowspan="2"></td><td rowspan="2"></td><td rowspan="2"></td><td rowspan="2"></td><td rowspan="2"></td><td rowspan="2"></td><td rowspan="2">100%</td></tr>
<tr><td>40%</td><td>60%</td></tr>
</table>

七、投资估算

本次经济评价投资估算由科研，钻修井，井口至 LNG 厂（含）地面工程，内河 LNG 运输船、码头及浮式储油装置（FSU）这 4 部分构成。

（1）科研投资：区块收购成功后，预计评价期前 5 年每年将投入 1.2 百万美元，而后每年投入 0.7 百万美元用于科研。

（2）钻修井投资：两个区块新井（直井、水平井）钻井投资预估约 20 百万美元，老井修投资预估约 5 百万美元。另一个区块新井钻井（直井）投资预估约 30 百万美元，老井修投资预估约 7 百万美元。污水回注井（直井）单井投资预估约 10 百万美元，详见表 5-4。

表 5-4　各方案钻修井投资对比表　　（单位：百万美元）

项目	方案一	方案二	方案三
新钻开发井	90	130	170
新钻污水回注井	20	20	20
老井修复	68	68	68
合计	178	218	258

（3）井口至LNG厂（含）地面工程投资：井口至LNG厂（含）地面工程投资分一期和二期工程建设，投资见表5-5。

表5-5　各方案井口至LNG厂（含）地面工程投资对比表　（单位：百万美元）

序号	项目	方案一	方案二	方案三
		100万吨	130万吨	160万吨
1	一期（建产期）	994.4	1090.5	1218.9
1.1	集输系统	221.1	224.9	239.6
1.2	LNG厂	630.2	711.9	811.0
1.3	电厂	91.4	101.9	116.5
1.4	其中 第9年压缩机开始投产	36.8	36.8	36.8
1.5	内河码头	14.9	14.9	14.9
2	二期（接替期）	153.9	153.9	153.9
2.1	其中 第17年压缩机开始投产	9.3	9.3	9.3
3	合计	1148.3	1244.4	1372.8

（4）内河LNG运输船、码头及FSU投资。内河LNG运输船、钢结构码头及FSU的建设可采用自建、租赁两种方式进行，若采用租赁方式就不涉及建设期投资，但开发期的租金及运维费用较高，详见表5-6。

表5-6　内河LNG运输船、码头及FSU投资对比表

序号	该段工程建设方式	项目	方案一	方案二	方案三
			100万吨	130万吨	160万吨
1	自建	建设投资（百万美元）	410	480	550
2		费用（百万美元/年）	31	39	47
3	租赁	建设投资（百万美元）	0	0	0
4		费用（百万美元/年）	115	135	158

（5）总投资及投资计划：各方案建设总投资详见表 5-7。

表 5-7 各方案建设总投资对比表

序号	内河至 FSU 段建设方式	项目	方案一	方案二	方案三
			100 万吨	130 万吨	160 万吨
1		科研投资（百万美元）	18.6	18.6	18.6
2		钻修井投资（百万美元）	178.0	218.0	258.0
3		井口至 LNG 厂（含）地面投资（百万美元）	1148.3	1244.4	1372.8
4		内河 LNG 运输船、码头及 FSU（百万美元）	410.0	480.0	550.0
5	租赁*	总投资（1+2+3）（百万美元）	1344.9	1481.0	1649.4
6		单位产量投资（美元 /MMBtu）	1.25	1.27	1.30
7	自建*	总投资（1+2+3+4）（百万美元）	1754.9	1961.0	2199.4
8		单位产量投资（美元 /MMBtu）	1.63	1.68	1.74

* 在内河 LNG 运输船、码头及 FSU 费用估算部分将对租赁、自建两种方式进行比选，结果为自建经济性明显优于租赁。

3 个方案分年度投资详见表 5-8 至表 5-10。

表 5-8 方案一分年度投资对比表 （单位：百万美元）

序号	项目	合计	2019 年	2020 年	2021 年	2022 年	2023 年	2024 年	2025 年
1	建设投资	1754.9	288.5	492.5	710.3	1.2	1.2	0.7	0.7
1.1	科研投资	18.6	1.2	1.2	1.2	1.2	1.2	0.7	0.7
1.2	钻修井投资	178.0		40.0	80.0				
1.3	井口至 LNG 厂（含）地面投资	1148.3	287.3	287.3	383.1				
1.4	内河 LNG 运输船、码头及 FSU 投资	410.0		164.0	246.0				

续表

序号	项目	2026 年	2027 年	2028 年	2029 年	2030 年	2031 年	2032 年	2033 年
1	建设投资	0.7	37.5	0.7	0.7	0.7	0.7	203.3	0.7
1.1	科研投资	0.7	0.7	0.7	0.7	0.7	0.7	0.7	0.7
1.2	钻修井投资							58.0	
1.3	井口至 LNG 厂（含）地面投资		36.8					144.6	
1.4	内河 LNG 运输船、码头及 FSU 投资								
序号	项目	2034 年	2035 年	2036 年	2037 年	2038 年	2039 年	2040 年	2041 年
1	建设投资	0.7	10.0	0.7	0.7	0.7	0.7	0.7	0.7
1.1	科研投资	0.7	0.7	0.7	0.7	0.7	0.7	0.7	0.7
1.2	钻修井投资								
1.3	井口至 LNG 厂（含）地面投资		9.3						
1.4	内河 LNG 运输船、码头及 FSU 投资								

表 5-9　方案二分年度投资对比表　　　　（单位：百万美元）

序号	项目	合计	2019 年	2020 年	2021 年	2022 年	2023 年	2024 年	2025 年
1	建设投资	1961.0	317.3	549.3	830.7	1.2	1.2	0.7	0.7
1.1	科研投资	18.6	1.2	1.2	1.2	1.2	1.2	0.7	0.7
1.2	钻修井投资	218.0		40.0	120.0				
1.3	井口至 LNG 厂（含）地面投资	1244.4	316.1	316.1	421.5				
1.4	内河 LNG 运输船、码头及 FSU 投资	480.0		192.0	288.0				
序号	项目	2026 年	2027 年	2028 年	2029 年	2030 年	2031 年	2032 年	2033 年
1	建设投资	0.7	37.5	0.7	0.7	0.7	203.3	0.7	0.7

续表

序号	项目	2026 年	2027 年	2028 年	2029 年	2030 年	2031 年	2032 年	2033 年
1.1	科研投资	0.7	0.7	0.7	0.7	0.7	0.7	0.7	0.7
1.2	钻修井投资						58.0		
1.3	井口至 LNG 厂（含）地面投资		36.8				144.6		
1.4	内河 LNG 运输船、码头及 FSU 投资								
序号	项目	2034 年	2035 年	2036 年	2037 年	2038 年	2039 年	2040 年	2041 年
1	建设投资	0.7	10.0	0.7	0.7	0.7	0.7	0.7	0.7
1.1	科研投资	0.7	0.7	0.7	0.7	0.7	0.7	0.7	0.7
1.2	钻修井投资								
1.3	井口至 LNG 厂（含）地面投资		9.3						
1.4	内河 LNG 运输船、码头及 FSU 投资								

表 5-10　方案三分年度投资对比表　（单位：百万美元）

序号	项目	合计	2019 年	2020 年	2021 年	2022 年	2023 年	2024 年	2025 年
1	建设投资	2199.4	355.8	615.8	964.0	1.2	1.2	0.7	0.7
1.1	科研投资	18.6	1.2	1.2	1.2	1.2	1.2	0.7	0.7
1.2	钻修井投资	258.0		40.0	160.0				
1.3	井口至 LNG 厂（含）地面投资	1372.8	354.6	354.6	472.8				
1.4	内河 LNG 运输船、码头及 FSU 投资	550.0		220.0	330.0				
序号	项目	2026 年	2027 年	2028 年	2029 年	2030 年	2031 年	2032 年	2033 年
1	建设投资	0.7	37.5	203.3	0.7	0.7	0.7	0.7	0.7
1.1	科研投资	0.7	0.7	0.7	0.7	0.7	0.7	0.7	0.7

续表

序号	项目	2026年	2027年	2028年	2029年	2030年	2031年	2032年	2033年
1.2	钻修井投资			58.0					
1.3	井口至LNG厂（含）地面投资		36.8	144.6					
1.4	内河LNG运输船、码头及FSU投资								
序号	项目	2034年	2035年	2036年	2037年	2038年	2039年	2040年	2041年
1	建设投资	0.7	10.0	0.7	0.7	0.7	0.7	0.7	0.7
1.1	科研投资	0.7	0.7	0.7	0.7	0.7	0.7	0.7	0.7
1.2	钻修井投资								
1.3	井口至LNG厂（含）地面投资		9.3						
1.4	内河LNG运输船、码头及FSU投资								

八、费用估算

费用估算由井口至LNG厂（含）操作费，内河LNG运输船、码头及FSU费用，其他费用3项构成，操作费考虑2%的年增长率。

1. 井口至LNG厂（含）操作费

井口至LNG厂（含）操作费特指LNG的操作成本，估算范围包含燃料动力费、材料费、人员费、维护修理费。由于凝析油属于LNG的附属产物，并且考虑由买方负责拉运，所以本次评价暂不考虑凝析油操作费。

燃料动力费按各阶段LNG产能所需电厂的峰值耗气量估算的年原料气年消耗体积进行计算。

$$当年的燃料动力费 = 当年的发电耗气量 \times 当年的原料气价格$$

其中，当年发电耗气量按当年的产能规模估算，详见表5-11。

表 5-11　发电耗气量估算表

序号	项目	50万吨	60万吨	70万吨	80万吨	90万吨	100万吨	100万吨	120万吨	130万吨	140万吨	150万吨
1	发电耗气（亿立方米/年）	1	1	1.2	1.2	1.5	1.5	1.6	1.8	1.8	2.1	2.1
2	发电耗气（MMscf[1]/年）	3531	3531	4238	4238	5297	5297	5650	6357	6357	7416	7416

当年原料气价格（LNG 井口净回价）= LNG FOB 价格—当年的单位操作费用（不含燃料动力）。

材料费按每 100 万吨 LNG 地面工程年均耗材费约 2.5 百万美元（同等规模气田的年消耗量）进行估算。

人员费：整个地面工程设计定员 150 人，包含普通操作人员 126 人（包含倒班），人均工资 2 万美元/年；管理人员 24 人（部分轮班），人均工资 15 万美元/年。

维护修理费按井口后固定资产原值的 2% 进行估算。

各方案井口至 LNG 厂（含）操作费对比见表 5-12。

表 5-12　各方案井口至 LNG 厂（含）操作费对比表

序号	项目	方案一	方案二	方案三
		100 万吨	130 万吨	160 万吨
1	燃料动力费（百万美元）	383.1	403.2	404.9
2	材料费（百万美元）	67.1	80.4	100.6
3	人员费（百万美元）	148.7	148.7	148.7
4	维护修理费（百万美元）	558.0	604.7	667.1
6	操作费合计（百万美元）	1157.0	1236.9	1321.4
5	单位操作费（美元/MMBtu）	1.08	1.06	1.04

[1] MMscf 为百万立方英尺的英文缩写。

2. 内河 LNG 运输船、码头及 FSU 操作费

内河 LNG 运输船、码头及 FSU 的建设方式分自建和租赁两种方式，各方案年费用估算见表 5-13。

表 5-13　各方案内河 LNG 运输船、码头及 FSU 操作费对比表

序号	建设方式	项目	方案一	方案二	方案三
			100 万吨	130 万吨	160 万吨
1	自建	建设投资（百万美元）	410	480	550
2		费用（百万美元 / 年）	31	39	47
3		费用合计（百万美元）	753.2	947.6	1142.0
4		单位费用（美元 /MMBtu）	0.70	0.81	0.90
5		单位投资及费用（美元 /MMBtu）	1.08	1.23	1.31
6	租赁	建设投资（百万美元）	0	0	0
7		费用（百万美元 / 年）	115	135	158
8		费用合计（百万美元）	2300.0	2700.0	3160.0
9		单位费用（美元 /MMBtu）	2.14	2.32	2.49

该段工程自建单位投资及费用总和更低。对各方案内河 LNG 运输船、码头及 FSU 的投资及费用按 10% 的折现率折现，对比发现采用自建方式投产的投资及费用现值大幅度低于采用全租赁方式，显然自建方式更为经济，见表 5-14。以下评价均在内河至 FSU 段工程自建的基础上进行。

表 5-14　各方案内河 LNG 运输船、码头及 FSU 投资及操作费现值对比表

序号	建设方式	方案一	方案二	方案三
		100 万吨	130 万吨	160 万吨
1	自建投资及费用现值（百万美元）	547.19	660.42	773.66
2	租赁投资及费用现值（百万美元）	735.58	863.51	1010.63

3. 其他费用

本次经济评价其他费用主要包含弃置费、培训费、社区建设费和财务费用。

弃置费按总投资的 10% 估算，在项目经济极限期当年全部计提（在利润表均摊在经济极限期最后 5 年）。

培训费预估为 1 百万美元 / 年，评价期合计 23 百万美元。

社区建设费预估为 1 百万美元 / 年，评价期合计 23 百万美元。

财务费用指建设期贷款利息，3 年建设期当年投资资本金比例为 40%，银行贷款比例为 60%，年利率按 9%（复利）估算，建设期不偿还本金及利息，本金于建设期结束后的前 6 年平均偿还，建设期利息于建设期结束后的第一年末与当年利息一并偿还，之后每年年末偿还当年利息。

3 个方案借款还本付息情况详见表 5-15 至表 5-17。

表 5-15　方案一借款还本付息表　　（单位：百万美元）

序号	项目	合计	2019 年	2020 年	2021 年	2022 年	2023 年	2024 年	2025 年	2026 年	2027 年
1	往年借款本息累计	—		188.7	527.7	1039	745.6	596.5	447.4	298.2	149.1
1.1	往年剩余借款	—		173.1	468.6	894.7	745.6	596.5	447.4	298.2	149.1
1.2	往年未付利息	—		15.6	59.2	145.0					
2	本年初借款	894.7	173.1	295.5	426.2						
3	本年底应计利息	439.9	15.6	43.6	85.9	93.6	67.1	53.7	40.3	26.8	13.4
4	本年底还本付息	1334.6				387.7	216.2	202.8	189.4	176.0	162.5
4.1	本年底还本	894.7				149.1	149.1	149.1	149.1	149.1	149.1
4.2	本年底付息	439.9				238.6	67.1	53.7	40.3	26.8	13.4

表 5-16　方案二借款还本付息表　　（单位：百万美元）

序号	项目	合计	2019 年	2020 年	2021 年	2022 年	2023 年	2024 年	2025 年	2026 年	2027 年
1	往年借款本息累计	—		207.5	585.4	1181	848.6	678.9	509.2	339.5	169.7
1.1	往年剩余借款	—		190.4	520.0	1018.4	848.6	678.9	509.2	339.5	169.7
1.2	往年未付利息	—		17.1	65.5	163.0					
2	本年初借款	1018.4	190.4	329.6	498.4						
3	本年底应计利息	498.5	17.1	48.3	97.5	106.3	76.4	61.1	45.8	30.6	15.3
4	本年底还本付息	1516.9				439.1	246.1	230.8	215.6	200.3	185.0
4.1	本年底还本	1018.4				169.7	169.7	169.7	169.7	169.7	169.7
4.2	本年底付息	498.5				269.3	76.4	61.1	45.8	30.6	15.3

表 5-17　方案三借款还本付息表　　（单位：百万美元）

序号	项目	合计	2019 年	2020 年	2021 年	2022 年	2023 年	2024 年	2025 年	2026 年	2027 年
1	往年借款本息累计	—		232.7	656.4	1346	967.8	774.3	580.7	387.1	193.6
1.1	往年剩余借款	—		213.5	583.0	1161	967.8	774.3	580.7	387.1	193.6
1.2	往年未付利息	—		19.2	73.4	184.5					
2	本年初借款	1161.4	213.5	369.5	578.4						
3	本年底应计利息	567.0	19.2	54.2	111.1	121.1	87.1	69.7	52.3	34.8	17.4
4	本年底还本付息	1728.4				499.3	280.7	263.3	245.8	228.4	211.0
4.1	本年底还本	1161.4				193.6	193.6	193.6	193.6	193.6	193.6
4.2	本年底付息	567.0				305.7	87.1	69.7	52.3	34.8	17.4

4. 总费用

本次经济评价总费用详见表 5-18。

表 5-18　各方案按美标建设总费用对比表

序号	项目	方案一	方案二	方案三
		100 万吨	130 万吨	160 万吨
1	井口至 LNG 厂（含）操作费（百万美元）	1156.98	1236.94	1321.38
2	内河 LNG 运输船、码头及 FSU 费用（百万美元）	753.22	947.60	1141.98
3	其他费用（百万美元）	661.39	740.58	832.94
4	总费用（百万美元）	2571.60	2925.12	3296.29
5	单位产量费用（美元 /MMBtu）	2.39	2.51	2.60

九、经济评价参数及结果

1. 经济评价参数

（1）产品价格：LNG 按热值销售，FOB 基准价格预估约 4.5 美元 /MMBtu；凝析油按桶销售，对应基准 LNG FOB 价格的凝析油价格预估为 45 美元 / 桶；LPG 按吨销售，价格预估约 350 美元 / 吨；清油按吨销售，价格预估约 200 美元 / 吨。

（2）投资浮动：根据项目实际情况及谈判过程中的需求，将各部分投资在原有基础上浮 2%。

（3）折现率：基准折现率取 10%。

（4）单位换算：100 万吨 LNG 液化前的天然气体积约为 51113.42MMscf，1MMscf 液化前的天然气的热值约为 1036MMBtu，1 吨 LNG 的热值约为 52MMBtu，1 吨凝析油约等于 7.93 桶。

2. 单位投资和成本费用分析

通过分析项目单位投资和成本费用可以清楚地了解项目投资支出及成本费用支出在项目运行过程中的比重及其在最终销售产品价值中的比重，可作为方案比选及投资决策的参考，不是最终方案比选和投资决策的直接依据，项目单位投资和成本费用分析见表 5-19。

表 5-19　各方案建设单位投资和成本费用分析（单位：美元/MMBtu）

序号	分段工程建设	项目	方案一	方案二	方案三	方案二占比
			100 万吨	130 万吨	160 万吨	
1	上游 钻完井工程	单位投资	0.17	0.19	0.20	5%
2	中下游 井口至 LNG 厂（含） 地面工程	单位投资	1.07	1.07	1.08	47%
3		单位操作费	0.72	0.72	0.72	
4		单位投资 +操作费	1.79	1.78	1.81	
5	下游内河 LNG 运输船、码头及 FSU 地面工程	单位投资	0.38	0.41	0.43	31%
6		单位操作费	0.70	0.75	0.90	
7		单位投资 +操作费	1.08	1.16	1.34	
8	上中下游 其他费用	单位费用	0.61	0.64	0.66	17%
9	上中下游工程合计 （1+4+7）	单位投资 +单位操作费	3.03	3.13	3.35	83%
10	上中下游工程 +其他费用合计 （1+4+7+8）	单位投资 +单位操作费 +单位其他费用	3.65	3.77	4.00	100%

3．经济评价结果

在现有的技术经济条件下，所有方案在 10% 的折现率下，NPV 均大于 0，经济上均有效益。其中方案三（160 万吨稳产 9 年方案）经济上最优，方案二（130 万吨稳产 12 年）次之，方案一（100 万吨稳产 15 年）最差。综合考虑经济效益、投资风险及方案实施难易度等因素，推荐按照方案二（130 万吨稳产 12 年）进行建设，如图 5-5 所示。所有方案评价结果对比见表 5-20。

表 5-20 经济评价结果表

序号	项目 内河至 FSU 段自建	不同方案		
		方案一 100 万吨	方案二 130 万吨	方案三 160 万吨
1	总投资（百万美元）	1836.29	2050.38	2298.78
2	LNG 商品量（百万吨）	20.69	22.41	24.37
3	凝析油商品量（百万桶）	35.81	39.85	44.26
4	LPG 油商品量（百万吨）	1.19	1.76	1.73
5	清油商品量（百万吨）	0.54	0.83	0.93
6	理论销售收入（百万美元）	7304.69	8162.13	8824.97
7	矿税和开发税（百万美元）	126.71	140.54	149.53
8	总费用（百万美元）	2566.97	2920.57	3294.22
9	所得税（百万美元）	810.70	913.24	1008.51
10	累计净现金流（百万美元）	1964.02	2137.40	2073.93
11	IRR	13.89%	15.36%	16.24%
12	NPV（百万美元）	211.56	303.33	352.78
13	T_P（年）	10.32	9.67	9.18

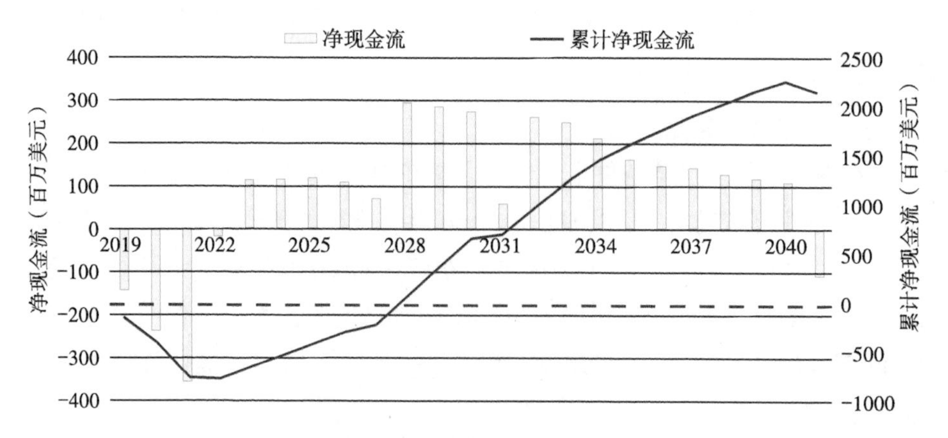

图 5-5 方案二现金流量图

在4.5美元/MMBtu的LNG FOB价格、45美元/桶的凝析油价格、350美元/吨的LGP价格及200美元/吨的清油价格下，方案二建设总投资为2050.38百万美元。在10%的折现率下估算的项目财务净现值为303.33百万美元，内部收益率为15.36%。最大累计负现金流出现在建设期第三年，为-715.5百万美元。

十、敏感性分析

1. 单因素分析

为判断项目评价期内产量、投资、操作费、油气价格各因素的变化对NPV的影响程度，本次针对方案二NPV为基准价格下进行了单因素变化的敏感性分析，见表5-21、图5-6。

表5-21　方案二NPV敏感性分析表

变动幅度	LNG产量（百万吨）	凝析油产量（百万桶）	投资（百万美元）	操作成本（百万美元）	价格（美元/MMBtu）
-20%	28.81	215.92	559.58	395.32	-58.93
-15%	97.99	237.77	495.76	373.00	32.21
-10%	166.98	259.62	431.78	350.14	123.14
-5%	235.31	281.48	367.65	326.97	213.46
0%	303.33	303.33	303.33	303.33	303.33
5%	371.19	325.18	238.93	279.41	392.98
10%	438.82	347.03	174.46	255.27	482.32
15%	506.16	368.88	109.56	230.74	571.31
20%	573.24	390.71	44.29	206.00	660.08

通过单因素敏感性分析可以看出，对项目经济效益影响最大的因素是价格，LNG产量规模和投资次之，凝析油产量和操作成本对项目效益影响相对较弱。

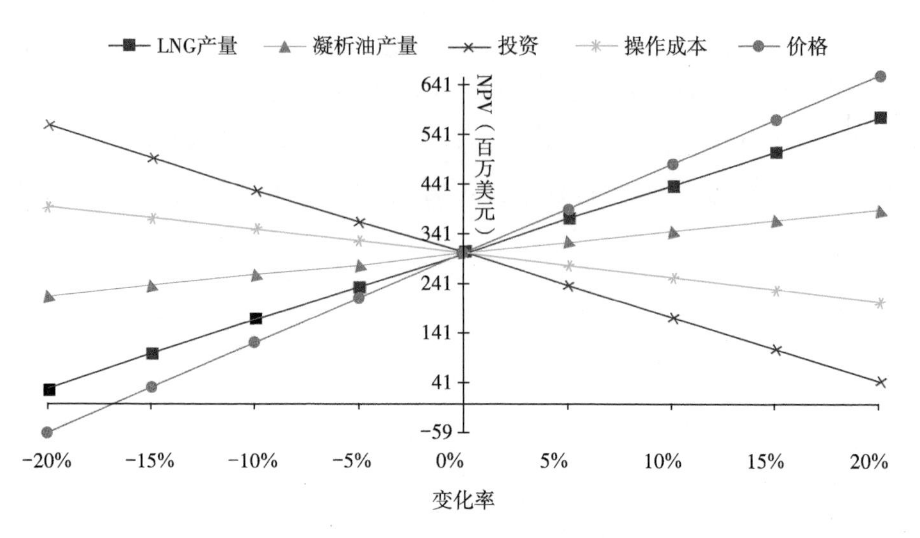

图 5-6 方案二 NPV 敏感性分析图

2. 双因素分析

价格为最为敏感的因素，也是风险最大的因素，评价中价格为恒定取值，但现实中价格会随供求关系、全球经济状况、汇率波动等因素而波动。同时，针对该项目具体情况而言，投资额的风险系数应当大于 LNG 及凝析油产量。在综合考虑价格和投资两个风险因素下，项目有弱抗风险能力。投资增加同时价格降低，项目极易出现亏损。双因素变化的敏感性分析见图 5-7。

十一、结论

（1）从项目角度上，在 4.5 美元 /MMBtu 的 LNG FOB 价格、45 美元 / 桶的凝析油价格、350 美元 / 吨的 LGP 价格、200 美元 / 吨的轻油价格及 10% 的折现率下，所有方案 NPV>0，经济上均有效益。其中方案三（160 万吨稳产 9 年方案）经济上最优，方案二（130 万吨稳产 12 年）次之，方案一（100 万吨稳产 15 年）最差。

（2）在 4.5 美元 /MMBtu 的 LNG FOB 价格、45 美元 / 桶的凝析油价格、350 美元 / 吨的 LGP 价格及 200 美元 / 吨的清油价格下，方案二建设总投资为2050.38百万美元。在10%的折现率下估算的项目财务净现值为303.33百万美元，内部收益率为15.36%。

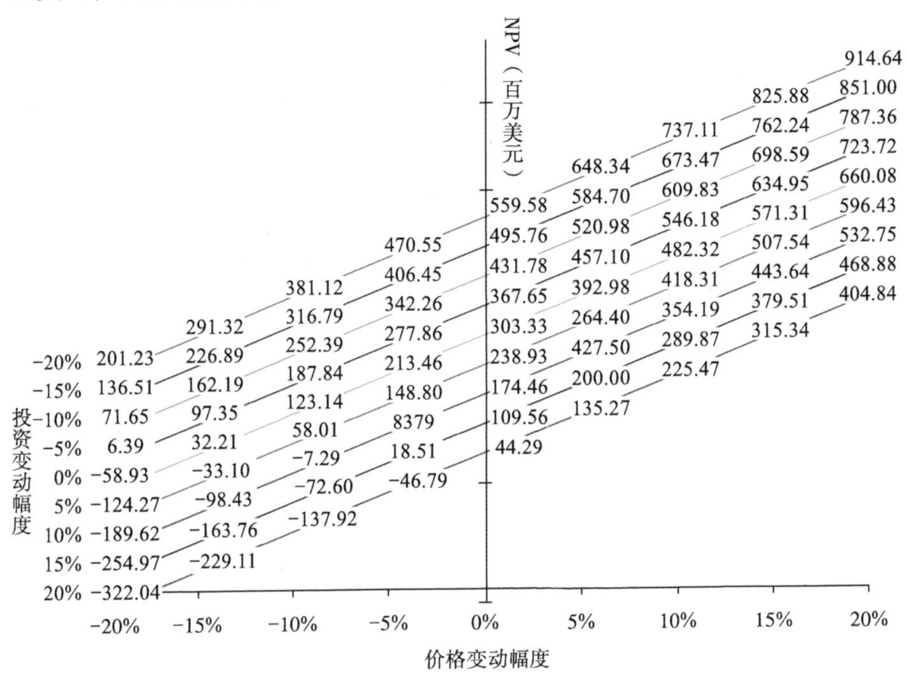

图5-7 双因素敏感性分析图

（3）综合考虑经济效益、投资风险及方案实施难易度等因素，推荐按照方案二（130万吨稳产12年）进行建设。

（4）对项目经济效益影响最大的因素是价格，LNG产量规模和投资次之，凝析油产量和操作成本对项目效益影响相对较弱。项目成功的关键在于加强地质开发跟踪研究，调整开发思路，制定合理的价格政策，同时严格控制投资规模。

第六章
海外油气后评价项目经济评价关键技术与实践

第一节　海外油气后评价项目经济评价关键技术

一、概述

海外油气项目后评价一般是指海外油气项目投资完成之后所进行的评价。它通过对项目实施过程、结果及其影响进行调查研究和全面系统回顾，与项目决策时确定的目标以及技术、经济、环境、社会指标进行对比，找出差别和变化，分析原因，总结经验，吸取教训，得到启示，提出对策建议，通过信息反馈，改善投资管理和决策，达到提高投资效益的目的。概括来讲，海外油气项目后评价就是对海外油气建设项目的主要过程（关键环节）和结果（效果及影响）进行对比、分析、总结，提出建议并指导或影响未来的投资决策活动。

海外油气项目后评价是投资项目闭环管理的重要环节，是完善投资监管体系、改善投资决策和管理、提高投资质量和效益的重要手段，是开展绩效考核和落实责任追究的重要依据。

海外油气项目后评价应遵循独立、客观、科学、公正的原则，应以事实为依据，客观反映投资项目决策、管理和执行的实际情况，实事求是地得出评价发现与结论；后评价数据信息积累应与项目实施过程同步开展，确保后评价输入数据信息的完整性和可靠性；针对项目的具体特征，综合考虑项目类型、规模和复杂程度等因素选择评价方法，确保分析和结论的科学、适当、实际；建立畅通快捷的信息反馈机制，及时将相关成果和信息反馈到相关部门、单位和机构。

海外油气项目后评价时点划分见图 6-1。

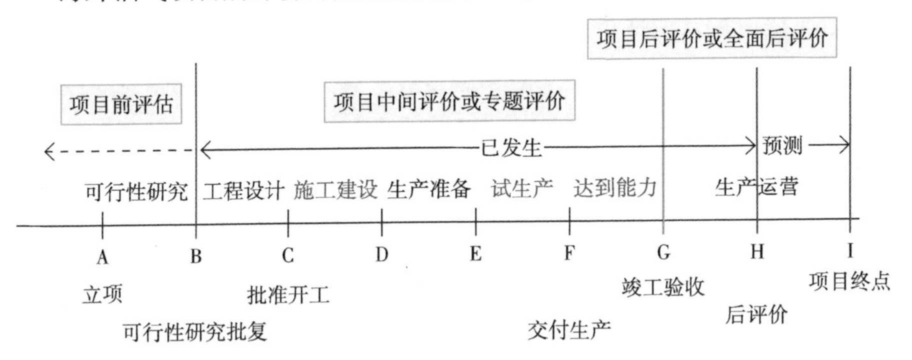

图 6-1 海外油气项目后评价时点划分

海外油气项目后评价分类见图 6-2。

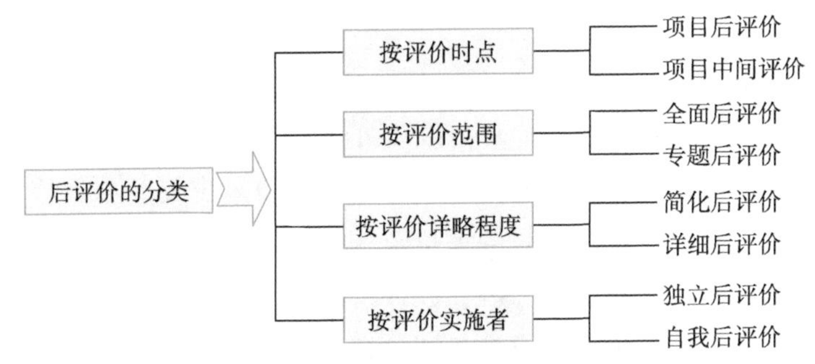

图 6-2 海外油气项目后评价分类

海外油气项目后评价工作程序见图6-3。

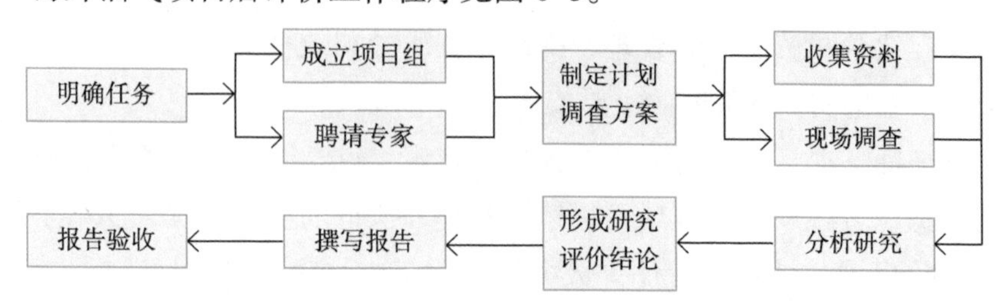

图6-3　海外油气项目后评价工作程序

海外油气项目后评价根据评价详略程度，主要分为简化后评价和详细后评价。项目详细后评价包括所属企业自我后评价（以下简称自评价）和咨询机构独立后评价。

简化后评价是后评价工作的重要组成部分，是适时检查项目实施基本情况和考察项目绩效的重要手段，也是对所有完工项目数据信息定期采集和开展项目后评价的基础性工作。它主要是针对项目前期决策、建设实施、生产运行、投资与经济效益、影响与持续性等内容进行简要、适时、快捷的评价，对项目实施过程和初步结果进行概要性的总结与分析。

详细后评价是对典型或重点项目的目标、过程管理、投资效益、影响及可持续性等内容进行全面、系统、深入的总结、分析和评价，主要内容包括海外投资决策过程评价、地质油气藏工程评价、钻井工程评价、采油（气）工程评价、地面工程评价、生产运行评价、海外项目管理评价、投资与经济效益评价、影响与持续性评价和综合后评价等方面。

二、主要特征

（1）突出财务效益评价：对与经济评价有关合同条款进行说明，包括合同类型、签约方及成本回收、利润分成、税费等主要商务条款。编制收入分配流程示意图；说明项目的评价范围、项目评价期及评价方法，若与可行性研究不一致，应说明原因；后评价时点前采用实际发生值，时点后的评价参数采用预测值。列出项目评价期、产品价格、商品率、基准收益率、折现率、操作成本等主要评价参数。

（2）重视盈利能力分析：结合合同模式，编制盈利能力分析所需表格，一般应包括利润表、项目现金流量表、资源国现金流量表、合同者现金流量表等；计算项目、资源国、合同者的投资效益，以及合同者和政府的收入分配比例，对合同者的盈利能力进行重点分析；将合同者的盈利能力指标与（收购）可行性研究进行对比，如果相差较大（±10%以上），从评价方法、产品价格、产量、投资、成本等方面分析产生差距的原因；编制合同者现金流量图（包括分年净现金流量和累计净现金流量）；编制主要技术经济指标汇总对比表。

（3）加强不确定性和风险分析：对不确定因素发生增减变化时对合同者财务指标的影响进行分析，并计算敏感度系数和临界点，找出敏感因素；可选择对合同者效益影响较大的因素，进行情景分析，说明在不同情况下，合同者的投资效益情况和抗风险能力；根据合同条款结合项目开发方案，在定量分析的基础上，提出提高合同者投资效益的经营对策和建议。

（4）注重管理经验总结：强调海外高风险投资的管理经验总结；从海外投资项目前期决策进行总结；海外投资项目建设及生产运行过程中值得推广、借鉴经验总结；分析海外投资项目存在的问题和造成差异的主要原因；总结在下步工作中应吸取的主要教训。

三、经济评价关键技术

海外油气后评价项目经济评价关键技术主要包括数据收集、数据分析和综合评价3类。

1. 数据收集

数据收集包括查阅档案资料、检查项目现场和后评价调查。

查阅档案资料是海外油气后评价重要方法，是通过对海外油气项目有关档案资料进行查阅，来取得后评价资料和证据的一种后评价方法。如项目管理合规性等内容评价的事实依据资料的收集，主要通过档案资料查阅获得。

检查项目现场是在后评价过程中，除对相关档案资料进行审查外，评价人员还应对项目现场进行检查，检查的方法主要是观察法。

后评价调查是在项目后评价工作过程中除了审查书面档案资料和检查项目现场外，还需要对某些事项进行调查研究，以判断真相，取得评价证据，这就需要评价人员深入实际，通过访谈知情人或召开座谈会等方式进行调查。后评价调查是实施项目后评价必不可少的技术方法，主要包括问卷调查、访谈和座谈讨论会等方法。

2. 数据分析

数据分析包括对比法、统计分析法、因果分析法，以及多角度对比法、资料对照法等。海外油气后评价项目经济评价最常用数据分析方法就是对比法。对比法包括前后对比法、有无对比法和横向对比法。

前后对比法是将项目实施前后的相关指标加以对比，用以测定项目的效益、效果和影响。前后对比法主要将项目前期可行性研究所预测的建设成果、规划目标、投入产出、效益和影响与建成后的实际情况加以比较，从中找出存在的差异及原因。

这种比较是进行项目后评价的基础，特别是在对项目进行财务评价和工程技术的效果分析时是不可缺少的。应用前后对比法的主要困难在于如何将被评价对象所产生的效果和其他外在因素等所造成的效果加以明确区分。

有无对比法是指将项目实际发生的情况与若无项目时可能发生的情况进行对比，以度量项目的真实效益、影响和作用，以正确评价由项目带来的增量效益。对比的重点是要分清项目的作用和影响与项目以外因素的作用和影响，同时也要分清项目对原有系统的影响。

有无对比法主要用于项目的效益评价和影响评价，也是后评价的一个重要原则。通过项目的实施所付出的资源代价，与项目实施后产生的效果进行对比，得出项目的后评价结论。

横向对比法是同行业内类似项目相关指标的对比，用以评价企业（项目）的绩效或竞争力，主要是指对同类项目的不同对象在统一标准下进行比较的方法。

通过差异和原因分析，可以反映出其管理质量与效果与同类项目的差距。但在进行这一比较研究时应注意对不同研究对象进行比较的前提条件，即它们必须是同类的或具有相同性质的，而且必须是处于同一时期的，如果不是同一时期的，应要调整换算到同一时期价格水平，以统一对比的基础和标准。

3. 综合分析

综合评价法就是项目经济、技术和社会效果的综合反映，是在项目各阶段、各部分评价的基础上，评价项目的整体效果，而不是谋求某一项指标或几项指标的结果。综合评价有两重意义：一是在单项评价的基础上，谋求项目整体评价结果；二是将不同观察角度所得出的结论进行综合。

第二节　海外油气后评价项目经济评价实践

一、合同模式

合同类型：某区块采用产品分成合同。

签约方：按照联合作业协议的规定，资源国政府和合同者投资双方共同组建一个联合作业公司，运作某区块。其中，合同者权益 50%，资源国政府权益 50%。

合同期：根据产品分成合同，合同期为 2012—2038 年。

主要商务条款：

（1）合同区面积：某区块合同区的面积为 349 平方千米。

（2）最低工作义务工作量和费用：合同生效之日起 5 年内合同者必须花费至少 2500 万美元用于勘探和评价工作，包括：地震新采集和重新处理至少达到 1000 千米，其中新采集不少于 500 千米；至少钻 4 口井，其中 3 口为探井；至少钻 1 口探井，累计进尺 13000 英尺；

初始合同期结束后，合同者可选择延长 3 年，需另外投资 4500 万美元，其中包括钻 5 口探井或者评价井。

（3）矿区使用费：产品分成合同无矿区使用费。

（4）油气定价：某区块油价是由某国政府油气部统一公布，该国所有石油区块统一按照此价结算。2012—2022年底的实际原油结算价格为实际数，2023年至石油合同期满分别按布伦特油价90美元/桶、100美元/桶，净回价分别按照85美元/桶、95美元/桶测算。备注：计算所用2023年及以后国际油价取评价油价，某区块原油结算价按平均低于布伦特油价5美元/桶挂靠。

（5）伴生气：所生产的伴生天然气，除用于石油作业外，政府有权随时免费提走或使用。合同者也有权选择参与政府对该伴生气的收集、输送、销售和处置。

（6）投资和成本回收：60%的原油可用来回收成本，累计未回收的成本可以结转到下一个年度继续回收。该合同没有规定资本性投入和费用性投入，在投资回收条件上相同，即均可当年回收，超过实际成本部分的成本油自动转化为利润油分成。

（7）利润油气分配：40%的原油用来分成（利润油），政府分成比例为80%，投资方分成比例为20%。成本油价值超过可回收成本余额的超额回收部分，在年度内按季度调整为利润油，相应份额退还某国政府。

（8）折旧计算：合同无规定。

（9）签字定金和生产定金：此为不可回收费用。合同规定的签字定金为700万美元，生产定金为日产达到7万桶后需要支付当地政府贡金500万美元，日产达到12万桶后需要支付当地政府贡金700万美元。

（10）培训费：本费用可回收。合同者应尽量雇佣和培训资源国公民，除非当地雇员缺乏必要的经验和资格。常规出口开始后的8个月内，合同者应提交培训当地雇员的培训计划，费用计入可回收费用。

（11）弃置费：合同无规定。

（12）社会捐赠：合同无规定。

（13）国内市场义务：合同无规定。

（14）税收：政府从其份额油中代替合同者交纳所有需要支付的所得税，合同者应按资源国的所得税法令计算并向政府提交自己的应税所得报告。合同期内，合同者不需要交纳任何税收、矿区使用费及其他费用。

（15）资产所有权：项目形成资产的所有权归资源国政府所有。

二、投资执行情况评价

1. 投资变动情况

区块运营10十余年来，目前处于3.5万桶/天高峰产量稳产阶段，项目批复合同者权益投资为44290万美元。根据区块财务决算数据，实际完成合同者权益投资45537万美元，合同者实际权益投资大于批复投资1247万美元，详见表6-1。主要原因得益于持续的产量增加及储量潜力，钻井数和地面工作量的增加。从投资完成率来看，区块整体完成率很高，投资控制良好，详见表6-2。

表6-1　2012—2022年合同者实际发生投资与批复投资比较　（单位：万美元）

年份	实际完成投资				批复投资			
	勘探投资	开发（钻井）投资	地面投资	合计	勘探投资	开发（钻井）投资	地面投资	合计
2012	9	45	22	76	86	104	134	323
2013	174	858	143	1175	344	406	255	1005
2014	132	1634	471	2237	142	1222	742	2106
2015	193	1888	327	2408	128	1302	808	2238
2016	888	1755	530	3174	986	1796	892	3674
2017	317	2882	1445	4644	220	3180	1342	4742
2018	501	3587	411	4499	680	3590	848	5118
2019	426	3525	326	4277	312	3586	610	4508
2020	311	3514	1970	5795	292	3804	1834	5930
2021	147	4594	3132	7874	132	4480	2975	7587
2022	123	4812	3196	8131	126	4974	3206	8306

注：勘探投资主要包括探井、评价井钻井投资，勘探研究及三维地震投资。

表 6-2　2012—2022 年合同者历年投资实际 / 批复对比表　（单位：万美元）

年份	勘探投资（节约 / 超额）	开发（钻井）投资（节约 / 超额）	地面工程投资（节约 / 超额）	投资支出节约 / 超额合计	投资完成率
2012	-76	-60	-112	-248	23.35%
2013	-170	452	-112	170	116.94%
2014	-10	412	-271	131	106.20%
2015	65	586	-481	170	107.60%
2016	-98	-41	-362	-500	86.38%
2017	97	-298	103	-98	97.93%
2018	-179	-3	-437	-619	87.91%
2019	114	-61	-284	-231	94.87%
2020	19	-290	136	-135	97.72%
2021	15	114	157	287	103.78%
2022	-3	-162	-10	-175	97.89%
合计	-227	650	-1671	-1249	97.26%

注：节约为负数，超额为正数。

2. 投资控制的经验和教训

油气勘探开发生产是资金密集、高风险行业，决策的失误会造成投资的巨大损失。联合作业公司制定了一套完整的决策程序，每年从 9 月份起开始准备下一年的工作计划，各部门根据公司的整体发展目标、油田的勘探开发方案确定各专业的工作计划，然后根据工作计划的内容，利用公司以往的实际投资和运行费用数据、市场询价、专业顾问公司询价、招投标信息等做出投资计划，然后由公司高级经济评价师按照股东确定的油价对重大投资进行经济评估。工作计划中公司内部确定后，公司将上报股东联合作业委员会进行审批，最后报联合管理委员会审批。公司的重大事项决策过程程序规范、决策审慎，有效避免了决策的失误。

在投资和费用控制上，公司完全按照市场化要求进行运作，所有的服务和材料采购必须进行招标，50 万美元以上的服务或材料采购招标必须上报股东和资源国油气部审批。市场化的决策避免了决策过程的人为因素干扰，有效地降低了成本。

联合作业公司内部决策最大的特点是采用双签制。公司内部任何招投标的确认、合同的签订、资金的调配使用都必须经在联合作业公司工作的双方股东代表签字才能生效。双签制是对等股权的产物，是行使股东权利最为有效的办法，可以有效地制约对方。联合作业公司内的任何决策和决定，只有在双方达成一致意见的情况下，才能通过双签并生效；否则，任何一方的意见和建议都不能得以贯彻和执行。

投资控制具体体现在钻井和地面工程两个方面：

1）钻井工程方面

钻井优化方面的工作，要在安全运行的前提下，通过优化井身结构、套管程序，减少事故发生率，确保钻井顺利进行，进一步优化钻井参数，缩短钻井周期，以实现控减成本的目标。

主要通过以下几个方面的工作达到提高钻井效率、缩短钻井周期、控制成本的目的：一是承包商精心组织搬家计划等，缩短搬家时间；二是推广全井段 PDC 和井下动力钻具钻井的钻具组合并精选钻头，提高机械钻速；三是对于定向井公司同样引入竞争，使用近钻头定向工具和全旋转导向钻具组合，提高机械钻速；四是继续评价使用新的随钻测井工具，缩短水平段测井时间，降低水平段测井风险；五是总结分析新钻探井的卡钻原因，保证造斜段尾管的下入成功率；六是做好水平段油层的预测，避免无谓的多分支井的出现，提高实际钻井效率；七是加强 HSE 管理，减少井下事故和非生产时间。

2）地面工程方面

随着区块开发节奏的加快，地面设施处理能力、外输能力及电力供应已成为制约产能的瓶颈。地面工程针对新的任务和要求，在建设过程中，控制关键节点，在保障了油气田生产能力需要的同时，克服了地面工程项目进度节点多、不可预见因素多等因素，主要从 4 个方面加强管理，实现了控减建设投资的目的：

（1）改扩建项目顺利实施的前提是做好瓶颈分析及工艺流程优化。充分利用联合作业公司人员对设施运行情况熟悉的优势，先行由本公司技术团队提出建设方案。

（2）控制工程投资的关键是设计。在项目设计阶段，做好设计方案的审查，采用实用、成熟技术，确保项目建成后运行平稳，减少维护费用。提高工程设计水平，在设施改造及升级过程中，充分利用现有设备能力，避免不配套工程的出现。

（3）提高人员的素质是基础。增进部门间的协调，进行业务技能培训，同时加强乙方队伍管理。

（4）项目管理是控制投资的保障。进行流程化、规范化管理，合理制定适合某区块的招标策略，做好招投标管理，根据项目的特点，灵活采用EPCC、E+P+C+C或其他组合合同模式。项目实施过程中，严格控制设计变更，严格执行合同，确保投资不超。

三、项目经济效益评价

1. 评价范围及依据

1）分析范围

财务分析包括的主要工程范围：区块合同期内发生勘探开发投资。

2）分析依据

（1）区块《产品分成协议》《原油运输协议》《原油销售及购买协议》；

（2）2012—2022年实际发生的资本性支出和费用支出，以及实际实现原油价格；

（3）油藏工程提供的推荐方案、2023—2038年产量剖面以及工作量；

（4）2023—2038年钻井投资数据以及地面投资数据。

2. 主要评价参数和基础数据

（1）计算期：根据石油合同以及联合作业协议，本项目合同期为2012—2038年，因此计算期与合同期一样。

（2）评价参数的选取原则：2012—2022年采用项目实际值，2023年1月以后采用预测值。后评价时点为2023年1月。

（3）未来开发方案基础数据：

产量基础数据（2023—2038 年）：推荐方案高峰期产量达 36734 桶 / 天，注水量达 142679 桶 / 天，预测期内原油累产 132 百万桶。

（4）工作量及投资基础数据：

根据联合作业公司工作计划，推荐方案钻井工作量、总投资估算、分年度新增投资估算分别见表 6-3、表 6-4、表 6-5。

表 6-3　推荐方案钻井工作量　　（单位：口）

分类	某区块		2023 年	2024 年	2025 年	2026 年	2027 年	小计
勘探井			2	2	1	1	1	7
评价井			5	4	3	1		13
开发井	油田 A	生产井	7	6	8	9	4	34
		注水井	9	6	5	9	3	32
	油田 B	生产井	10	12	16	14	2	54
		注水井	11	12	16	18	2	59
	油田 C	生产井	4	3	2			9
		注水井	2	4	1			7
	油田 D	生产井				1	1	2
	油田 E	生产井	3	4	1			8
小计			53	53	53	53	13	225

表 6-4　总投资估算表　　（单位：百万美元）

序号	总投资构成	项目总投资	合同者份额投资
1	实际发生的勘探开发投资（2012—2022 年）	885.80	442.90
2	新增投资（2023—2028 年）	555.91	277.96
2.1	钻井投资	376.36	188.18
2.2	地面投资	179.55	89.78
3	总投资（1+2）	1441.71	720.86

表 6-5 2023—2038 年新增投资估算表 （单位：百万美元）

年份	2023 年	2024 年	2025 年	2026 年	2027—2028 年	合计
项目总投资	139.14	103.03	112.85	117.15	83.74	555.91
合同者份额投资	69.57	51.52	56.43	58.58	41.87	277.96

（5）油气价格：油价由资源国政府油气部统一公布，该国所有石油区块统一按照此价结算。2012—2022 年底的实际原油结算价格为实际数，2023 年至石油合同期满分别按布伦特油价 90 美元 / 桶、100 美元 / 桶，净回价分别按照 85 美元 / 桶、95 美元 / 桶测算。备注：计算所用 2023 年及以后国际油价取评价油价，某区块原油结算价按平均低于布伦特油价 5 美元 / 桶挂靠。

（6）各种税费费率：合同期内，合同者不需要交纳任何税收、矿区使用费及其他费用。

（7）基准收益率、折现率：12%。

（8）生产成本费用估算：根据区块实际情况结合市场通货膨胀，考虑 2023 年操作费（含管理费用）按照 5.47 美元 / 桶计算，以后年份按照 5% 上涨率递增。

3. 后评价时点前生产经营效益分析

受购股款的影响，2012 年的累计负现金流最大。随着产量的逐渐增大，成本回收和利润分成的金额也增大，净现金流在 2013 年开始出现正值，通过 5.50 年的时间已经完成投资回收（静态）。从 2017 年开始，累计净现金流量也开始为正。由于 2012 年批复可行性研究报告中经济评价较为简单，只提供内部收益率、财务净现值和投资回收期，没有提供现金流量表，因此后评价值与可行性研究报告的对比没有实际意义，在此不做对比。

4. 盈利能力分析

合同者经济评价结果分别见表 6-6、表 6-7。

表 6-6　经济评价（评价期：2012—2038 年）结果表（布伦特油价 90 美元 / 桶）

序号	指标	合同者
1	净现金流（NCF）（百万美元）	2284.15
2	净现值（NPV @12%）（百万美元）	360.12
3	内部收益率（IRR）（%）	53.18
4	投资回收期（静态）（年）	3.97

表 6-7　经济评价（评价期：2012—2038 年）结果表（布伦特油价 100 美元 / 桶）

序号	指标	合同者
1	净现金流（NCF）（百万美元）	2511.47
2	净现值（NPV @12%）（百万美元）	384.85
3	内部收益率（IRR）（%）	53.48
4	投资回收期（静态）（年）	3.97

注：折现起始时间为 2012 年。

将合同者盈利能力指标（后评价）与 2012 年批复可行性研究报告进行对比，可以看出，受国际原油价格市场的影响，2012 年批复可行性研究报告的预测油价远低于后评价油价（实际油价和预测油价），油价的差异对项目的经济效益影响很大。

2012 年批复可行性研究报告总投资与后评价时的总投资存在差异，2012 年批复可行性研究报告的总投资远低于后评价总投资（实际总投资和预测总投资），造成投资差距的主要原因为钻井数的增加、地面工作量的增加以及投资年限的增加。

2012 年批复可行性研究报告中操作成本预测为 4.7 美元 / 桶，后评价操作成本基本上维持在 5.47 美元 / 桶，因为考虑了通货膨胀的因素。

通过分析，后评价的经济效益好于批复可行性研究的经济效益，其主要原因有以下几点：

（1）得益于高油价。

（2）得益于持续的产量增加及储量潜力。

（3）合同模式好：

①成本油回收上限可达年度产量的60%，资本性支出和费用化支出回收模式一样，均可实现当年回收，没有递延回收问题；

②对于高油价及持续增产，政府利润油分成比保持80%不变，有效地制约政府获取更多的利润油；

（4）得益于资源国政治经济环境稳定，税法、石油法变动对外资石油作业影响风险较小。

5. 敏感性分析

在合同期内，选择新增投资、新增产量、原油价格、新增操作费进行敏感性分析。根据敏感性分析可以看出，价格和产量变化对项目效益的影响最为显著，投资其次，最不敏感因素为操作费。

四、评价结论

在勘探开发取得显著成效的基础上，依靠前期控制投资和快速上产，该区块获得了良好的经济效益，于2017年收回全部项目投资，并开始年度正现金流运行，步入规模滚动发展的良性阶段。同时，该油气合作项目带动了一大批合同者内部企业走出国门，充分发挥合同者一体化优势，项目协同效益较好。

第七章
海外油气 SEC 储量经济评价关键技术与实践

第一节 海外油气 SEC 储量经济评价关键技术

一、概述

油气储量是油公司的核心资产，是海外开发生产和经营决策的物质基础，对内是公司市场价值与发展潜力的重要指标，对外为油气储量信息披露和财务资产审计服务。

SEC（美国证券交易委员会）关于储量的价值或者是否定义为储量有专门的规定，如一个油田被发现，但该公司并没有针对这片地区的开发计划，是不能被定义为储量的。如果公司编制了开发计划，并准备开发这块地区，但当时的石油价格太低，开发并不会取得收益，这仍不能作为储量，无法实现其作为储量的价值。如果石油价格上涨，并且该地区开采被认为有很大的利润，但这个地区所属国家并没有批准或不允许进入进 / 出口市场，同样仍然不能作为储量。

SEC 定义的价值油气储量受技术、经济、法律、时间、合同等多方面的制约，技术上主要是指油气田是否完成开发方案，现有的生产技术能否满足油气田开采需要，经济上主要受限于当前的油气价格和勘探开发成本，法律上主要是油气勘探开发合同作业许可证相关要求、资源国的相关法律法规的规定等，时间上主要是要求 5 年内必须有开发计划才能评估或披露为储量，在合同上也必须有油气产量的销售合同，同时，能否达到披露条件还受制于当前国内国际的市场条件、公司的发展计划、油气田基础设施等多个方面。

SEC 于 1978 年和 1982 年通过了石油和天然气的披露要求，颁布了储量的定义。30 年来，SEC 的储量仅包括证实储量以及证实已开发储量和证实未开发储量。2009 年 1 月，SEC 正式发布了油气披露新准则，并于 2010 年 1 月 1 日起实施。新准则基本采用了 SPE-PRMS 有关储量的分类（必须披露证实储量，概算储量和可能储量为选择性披露，不包括条件储量和远景资源量）。

证实储量（Proved Reserve，P1）是指通过分析地球科学和工程数据，在现行经济条件、操作方法和政府法规下，从某基准日到合同规定的开采期末（除非有证据表明延期具有合理确定性），无论采用确定性方法还是概率法，均被评估为已知油气藏中具有合理确定性的、经济可采的油气量。

概算储量（Probable reserves，P2）是与证实储量相比采出的确定性较低的储量。加上证实储量，其采出的可能性与采不出的可能性相等。

可能储量（Possible reserves，P3）是与概算储量相比采出的确定性相对较低的储量。

因概算储量和可能储量的不确定性，不少油公司通常只披露证实储量。

SEC 基本采用了 SPE-PRMS 有关储量的分类，见图 7-1。图中的 1P、2P、3P 是 SEC/SPE 储量体系中情景法表述，其含义是 1P=P1，2P=P1+P2，3P=P1+P2+P3；1C、2C、3C 的含义是指钻探发现油气以后，由于存在市场、开采技术和商业性规模等不确定因素，暂不完全符合储量四个要素（已发现、剩余、经济、可采）的那部分资源。

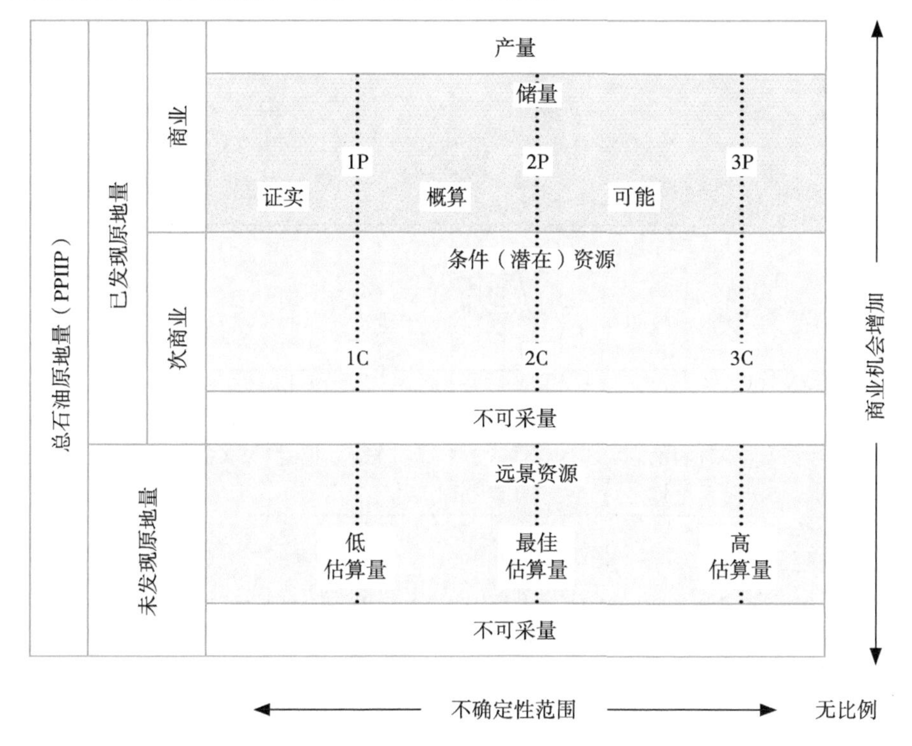

图 7-1 SPE-PRMS 资源分级体系图

1. 证实储量分级

SEC 储量除必须满足“已发现的、剩余的、经济的、可采的（截至给定日期）”4 个条件外，根据油气田井的生产现状，SEC 又将证实储量（即 P1）细分为证实已开发储量和证实未开发储量两种，并在储量公报中只披露这两类储量，见图 7-2。

1）证实已开发储量

证实已开发储量（Proved Developed Reserves，PD）是指以下条件下可以采出的储量：（1）通过现有井、设施和作业方法采出，或所需设备费用与钻新井费用相比较少；（2）若生产不需要井时，通过储量评估时已建成的并且可以操作的生产设备和基础设施采出。只有当必需的设备已经安装后，或者其安装成本相比于钻一口井的成本微不足道时，才可认为储量是已开发的。已开发储量可以进一步分为已开发正生产储量和已开发未生产储量。

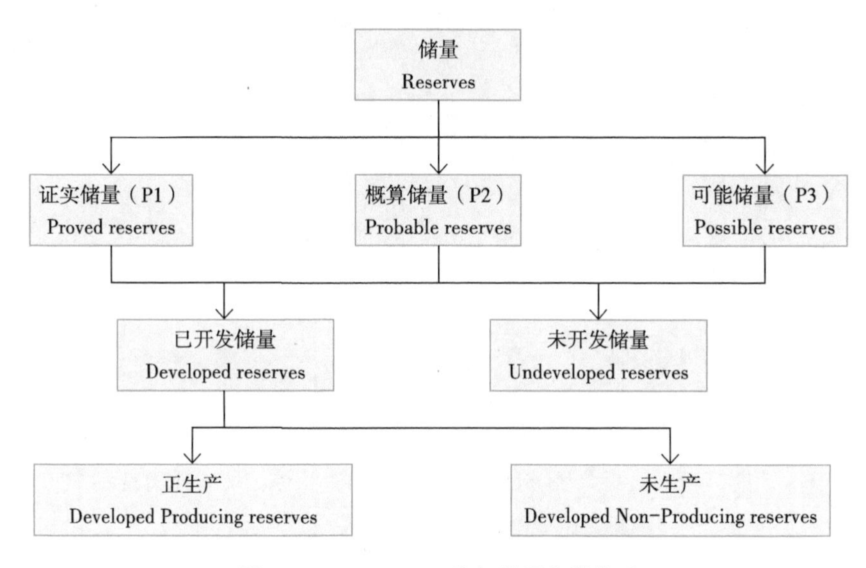

图 7-2　SEC-2009 油气储量分类体系

已开发正生产储量（Developed Producing reserves）是预计从开启且正生产的完井层段可采出的量。或是只有提高采收率项目实施之后，才可认为提高采收率储量为正生产。

已开发未生产储量（Developed Non-Producing reserves）是包括关井和管外储量。关井储量是预计从评估时开启但尚未生产的完井层段，由于市场条件或管线连接原因而关闭的井，或由于机械原因而不能够生产的井等采出的量。管外储量是预计从现有井需要额外完井或将来重新完井才可采出的储量。无论哪种情况下，投产或恢复生产的成本要比钻新井的成本低。

2）证实未开发储量

证实未开发储量（Proved Undeveloped Reserves，PUD）是指预期从未钻井区域的新井中，或需要支出较多费用进行重新完井的现有井中能够采出的储量，需要通过未来投资预包括：（1）在已知油气聚集的未钻井面积中钻新井；（2）把现有井加深到其他已知油藏；（3）加密井增加的可采量；（4）需要相对较多费用（例如，相比于钻一口新井的成本）来对现有井重新完井，或安装一次采油项目，或提高采收率项目的生产或运输设施。

开发和生产的状态对于项目管理具有重要意义，尽管储量状态按惯例只适用于证实储量，但同样已开发和未开发状态的概念，和基于油田开发方案内的钻井及设施的资金及操作状态，也适用于储量不确定性分类的整个范围（证实、概算和可能）。

2. 总储量和净储量

总储量（Gross Reserve）：指 100% 的商业剩余可采量，即从某个指定的时间点开始到合同结束这段时间内不超过经济极限点的油气总量。

净储量（Net Reserve）：指合同者净经济权益下可获得的总储量的份额，与工作权益、矿费和成本回收以及利润分成等经济参数有关。

SEC 规定披露的储量为净储量，不是总储量，但净储量（即份额储量）的计算基于总储量对应的有效经济评价期内的总产量剖面。

二、主要特征

SEC 储量，即遵循美国证券交易委员会（SEC）规定的储量，具有以下主要特征：

（1）合规性：SEC 储量必须符合 SEC 的严格规定，包括储量的定义、分类、评估和报告等方面。这些规定确保了储量信息的准确性和透明度，便于投资者和利益相关者做出明智的决策。

（2）分类明确：SEC 储量通常被分为证实储量和其他可能的分类，如概算储量和可能储量，但证实储量是最主要的关注焦点。证实储量是指在现行经济和技术条件下，从已知油气藏中可经济开采的油气数量。

（3）经济性：SEC 储量必须考虑经济性。这意味着在评估储量时，需要证明这些储量在当前经济条件和技术水平下是可以被经济有效地开采的。

（4）技术可行性：除了经济性外，SEC 储量还必须考虑技术可行性，涉及油气藏的地质特征、开采技术、设备能力等因素，以确保储量能够被有效地开发出来。

（5）可采性：SEC 储量是指预计能够从已知油气藏中开采出来的油气量。这意味着这些储量不仅是地质上存在，还必须是技术上可采的，即能够通过现有的开采技术将它们提取出来。

（6）透明度和可审计性：由于 SEC 储量的评估和报告需要遵循严格的规则和标准，因此这些信息具有很高的透明度和可审计性。这有助于投资者和其他利益相关者了解公司的资产状况和运营情况。

（7）动态变化：SEC 储量不是一成不变的。随着开采活动的进行、技术进步、经济条件变化或法规政策的调整，储量的评估结果也会相应变化。

三、经济评价关键技术

目前，海外油气 SEC 储量经济评价方法是采用折现现金流法计算总储量和净储量。石油合同及资源国法律法规是海外 SEC 储量经济评价模型建立的依据。因此，在进行海外油气 SEC 储量经济评价的时候，要根据不同合同模式和财税条款计算总储量和净储量。

在进行海外油气 SEC 储量计算时，通常要按照一定的步骤进行，通过具体的步骤才能准确有效的对其客观公正的计算。

第一步，对目前所在海外油气项目合同模式和财税条款进行认真分析。合同条款中有关合同者收入的实现和相应的税收规定是合同模式分析的关键。

第二步，对目前油气田开采的年限、累计已经生产的油气产量要进一步明确。对现有的储量和产量数据进行详细的技术分析，并对项目在远期获得一定规模的油气可采储量进行预测。

第三步，计算 SEC 总储量和净储量，主要通过输入产量数据、投资数据、操作成本等基础数据，并且结合合同模式、财税以及法律条款建立经济评价模型，编制现金流量表，得出经济有效评估期内的总储量和净储量值。

1. 不同合同模式下评估 SEC 净储量的方法

1）矿税制合同

矿税制合同的 SEC 净储量的计算公式为：

$$R_{\text{net}}=\sum_{i=1}^{n}Q_{\text{net}i}=\sum_{i=1}^{n}\left(Q_{\text{gross}i}\times \text{WI}\right)$$

式中 R_{net}——合同者净储量；

$Q_{\text{net}i}$——以评估年为起点，第 i 年的净产量；

n——有效经济期，不超过合同期；

$Q_{\text{gross}i}$——以评估年为起点，第 i 年的总产量或者作业产量；

WI——工作权益，合同者在整个合同中的所有权益。

需要指出的是，SEC 对矿费所对应的油气量能否披露有详细规定：若为实物支付，净储量需要扣除矿费对应的油气量；若为现金支付，则不需要扣除矿费对应的油气量，矿费仅影响现金流，不影响净储量大小。

2）产品分成合同

产品分成合同的 SEC 净储量的计算公式为：

$$R_{\text{net}}=\sum_{i=1}^{n}Q_{\text{net}i}=\sum_{i=1}^{n}\frac{\left(\text{cost}_i+\text{profit}_i\right)}{p}$$

式中 cost_i——以评估年为起点，按照产品分成合同相关财税条款计算得到的合同者在第 i 年的实际回收成本；

profit_i——以评估年为起点，按照产品分成合同相关财税条款计算得到的合同者在第 i 年的利润分成收入；

p——油气价格（根据 SEC 相关规定，销售价格为过去 12 个月每月第一个工作日市场价的算术平均值，价格不上涨；如合同有特殊规定，采用合同约定数值）。

3）风险服务合同

风险服务合同的 SEC 净储量的计算公式为：

$$R_{\text{net}}=\sum_{i=1}^{n}Q_{\text{net}i}=\sum_{i=1}^{n}\frac{\text{cost}_i+\text{SF}_i}{p}$$

式中 SF_i——以评估年为起点，按照风险服务合同相关财税条款计算得到的合同者在第 i 年的报酬费收入。

2. 影响 SEC 净储量的主要经济因素

在计算海外油气 SEC 储量时，会遇到很多影响其结果的经济影响因素。通过对这些关键经济因素分析，有利于把握各因素发生变化时对 SEC 储量的影响变化程度。在 SEC 储量评估实践过程中，关键经济影响因素一般有：油气价格、操作成本（含固定操作成本和可变操作成本）、投资、未回收成本、弃置费、投资、管理费、经济极限年份、商品率，以及资源国合同模式及财税、法律制度等。通过对以上经济影响因素进行分析，有助于掌握可信度高、风险性小的份额储量。下面就影响 SEC 储量的主要经济影响因素进行分析。

1）油气价格

一般来说，油气价格从宏观角度来看，受政治、供求、市场等因素的影响很大；从微观角度来看，受合同谈判的时机、销售方式、购销合同条款的影响，油气定价机制不一样，不同时期的油气价格产生波动。另外，油气本身的品质（是否含硫及含硫比例的高低）以及油气用途不同也导致油气价格差别很大。特别是油气价格作为分母在产品分成合同和风险服务合同模式的份额计算公式中得到具体体现。

2）操作成本

操作成本是指对井进行作业、维护井及相关设备生产运行而发生的成本，它是构成现金流量表中现金流出的主要内容，也是成本回收项目的一项重要内容。因此它是影响 SEC 净储量的关键经济因素，直接影响到计算 SEC 净储量的准确度。操作成本包括材料、燃料、动力、生产人员工资及福利、井下作业费、测井试井费、维护及修理费、油气处理费、运输费及厂矿管理费等。在进行预测时，操作成本分为固定操作成本和可变操作成本。影响操作成本变化的基本开发变量有生产井数、产液量、产油量、注水量等。固定操作成本一般是和生产井数挂钩，而可变操作费用一般是和产量挂钩。另外，资源国政府对操作成本的理解也不一样，因此其构成明细也不一样。受地质和开发程度的影响，不同油气资源国和地区的操作成本水平也有所不同。劈分固定操作成本和可变操作成本将会导致不同的净储量结果，也可以得出不同的经济极限年份。

3）投资

投资一般包括勘探投资和开发投资。勘探投资主要是地球物理、探井、勘探评价井投资，开发投资主要是开发井、采气工程和地面集输（处理）系统投资。海外油气项目具有投资大、风险高的特点，因此能否将投资控制最低并且实现经济利益最大化是各大石油公司共同关注的焦点。根据不同的合同条款，投资既能以折旧的形式进行成本回收，又能以分年度数值进行全额成本回收，故不同的成本回收形式将会得到不同的净储量结果。

4）未回收成本

按照国际通行的产品分成合同和风险服务合同规定，每年的成本不一定能 100% 回收，对于当年未回收的投资和操作成本可以向下一年度进行结转。而 SEC 储量一般是以当前某年度 12 月 31 日作为评估时点来计算未来年份的净储量，因此就存在当前年度实际未回收成本会影响以后各评估年份的成本回收问题。未回收成本金额的大小以及成本回收结转方式都会影响净储量结果。

5）经济极限年份

根据 SEC 储量评估相关规定，当合同者净现金流量出现开始为负的年份，并且持续到合同期末的时候，经济极限年份即为开始为负年份的头一年份。在计算 SEC 净储量的时候，有效经济年限为评估时点到净现金量最后一年为正的年份。从以上规定可以看出，经济极限年份主要取决于合同者净现金流量，而合同者净现金流量则受财税条款、投资、操作成本等因素的影响，这些因素叠加在一起，共同决定净储量。另外，在 SEC 储量评估实践过程中，也会出现不规则合同者净现金流量，这时候就要根据具体情况进行具体分析。

6）资源国油气合同模式及财税、法律制度

充分把握资源国的合同模式及财税条款以及相应的油气法律制度，也是在评估 SEC 储量时极其重要的一项工作。合同模式、财税条款的不同会直接导致 SEC 份额储量的不同，甚至差距很大。如成本回收比例（是否有成本回收上限）、利润分成计算公式（固定比例或者滑动比例）、所得税（税基和税率）、折旧方式及年限等因素都会造成结果的重大差异。

第二节　海外油气 SEC 储量经济评价实践

一、评价范围

本次针对海外某油田 SEC 储量进行经济评价，评价范围包括 PD 储量、PUD 储量、P1 储量，其中 PD 储量为披露储量。

二、评价依据

（1）某石油公司（合同者）与某国政府签订的租让制合同；
（2）评估时点到合同期末的产量剖面；
（3）未来 5 年投资计划；
（4）油价、操作成本等参数。

三、经济评价方法

本次评价采用现金流折现法，其目的是为披露 SEC 储量提供决策参考。为了达到这一目的，要计算的财务指标包括净现值（NPV）、总储量以及净储量。

四、合同模式及财税条款

某油田合同类型为租让制合同，合同期 28 年（2013 年 2 月 7 日至 2041 年 2 月 7 日）。项目合作方式为资源国政府和合同者按照股权比例 65% ∶ 35% 组建合资公司，合资公司负责具体运营生产，股东通过合资公司及相关条款规定分担投资及风险和分享所产原油收益。

（1）评价期：19 年（2023—2041 年）。
（2）矿区使用费：原油矿税税率 15%，现金矿费。
（3）所得税：原油所得税 35%，亏损弥补期 10 年。可以抵税的有操作成本、折旧、弃置费和矿区使用费等，干井投资及融资利息不抵税。

（4）折旧：有形资产 8 年直线折旧，无形资产 15 年直线折旧，费用发生当年为资产折旧开始日期。合同者首次获得收入前的所有费用化支出作为前期操作成本均应资本化，前期操作成本的折旧年限为 8 年直线折旧，折旧开始日期为合同者首次获得收入日。

（5）暴利税：暴利税触发油价 110 美元 / 桶，每 3 年上涨 10%，封顶油价 135 美元 / 桶，合同者需将超额利润的 85% 上交资源国政府。

（6）原油牌价：合同者收入以政府销售价格为计算基础，矿费及所得税以原油牌价为计算基础，政府销售价格为原油牌价的 91%。

（7）商业发现贡金：合同区每获得一处新的商业油气发现，合同者向资源国政府支付 500 万美元的商业发现贡金。

（8）产量贡金：当合同区产量达到 3 万桶 / 天，合同者一次性支付给资源国政府 300 万美元；当合同区产量连续 30 天达到 6 万桶 / 天，合同者一次性支付给资源国政府 600 万美元。

（9）培训费：合同区共计 350 万美元 / 年，逐年上涨 3.5%，合同者单独支付。

（10）签字费：合同者向资源国政府支付一笔不可回收与抵扣的签字费，金额为 15 百万美元。

（11）弃置费：合同要求联合经营公司在合同到期前的 5 年内，聘请第三方顾问编制弃置方案，并制定弃置费用预算。联合经营公司也可在合同到期前 5 年之前先期制定临时弃置方案，并分期支付临时弃置费用，待最终弃置方案及费用制定完毕，补足差额。弃置费用及聘请顾问相关费用应作为操作成本一部分，可抵扣所得税。

（12）篱笆圈：各合作区只能以本区域内发生的成本费用进行所得税抵扣。

五、收入分配流程图

某油田租让制合同与传统的矿费税收制合同相似，根据石油合同的约定，收入分配流程见图 7-3。图中，总收入以政府销售价格为计算基础。

矿区使用费、所得税、暴利税等以原油牌价为计算基础；原油牌价由资源国政府发布，政府销售价格 = 原油牌价 ×0.91。

暴利税触发油价为原油牌价格，油价超过 110 美元 / 桶，此油价之上利润部分 85% 交政府，15% 归合同者。触发油价 110 美元 / 桶，每 3 年上涨 10%，135 美元 / 桶封顶。

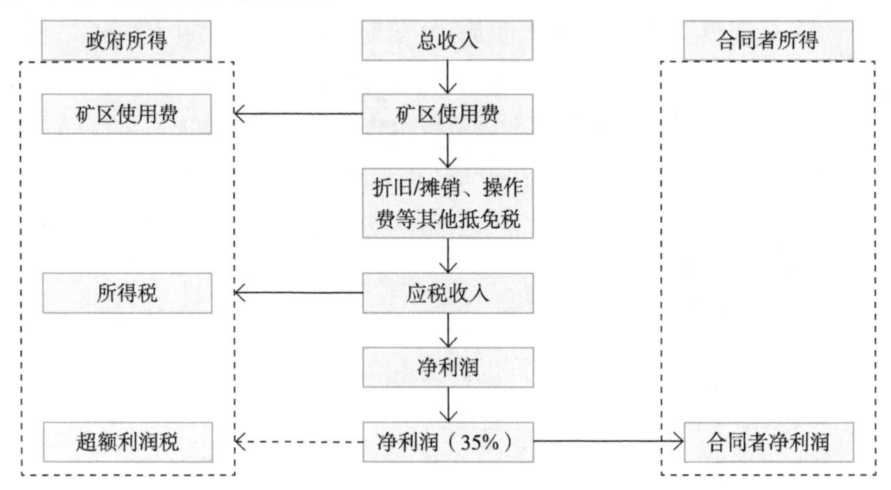

图 7-3 收入分配流程图

六、关键经济参数

（1）评价期：19 年（2023—2041 年）。

（2）油价：根据 SEC 规则，按 76.6 美元 / 桶计算。

（3）操作费：包括可变操作费和固定操作费两部分。根据目前实际数据，可变操作费按照 5.23 美元 / 桶取值，固定操作费按照 7.89 百万美元 / 井取值。

（4）未来 5 年投资：根据联合公司未来 5 年计划（钻井和地面计划），2023—2027 年未来 5 年总投资分别为 141.84 百万美元、107.12 百万美元、16.87 百万美元、16.99 百万美元、0 百万美元。

（5）根据 SEC 规则，折现率取 10%。

七、评估结果

按照 SEC 准则的要求，评估时需要按照合同财税条款和扣除政府及其他合作伙伴的油气量，经济极限利用成本和价格进行计算。在此次评估中，价格采用 2022 年度 1—12 月份的原油净回价的算术平均值。合同者拥有的净储量见表 7-1。

表 7-1 中的证实已开发净储量、证实未开发净储量和证实净储量的评估原则与 SEC 准则一致，且都属于合同者的油气量。

表 7-1 截至 2022 年 12 月 31 日某油田合同者拥有的净储量表

项目	证实已开发储量 PD	证实未开发储量 PUD	证实储量 P1
	原油（千桶）	原油（千桶）	原油（千桶）
某油田	5815	3413	9228

总储量是某油田从评估日起至合同结束或者经济极限点可经济采出的剩余油气量，即评估过程中考虑了合同条款和经济参数。总储量是政府、合同者和其他伙伴分得到油气量的总和，若按权益来说，总储量指的是项目 100% 权益下可经济采出的剩余油气量。某油田总储量见表 7-2。

表 7-2 截至 2022 年 12 月 31 日某油田总储量表

项目	证实已开发储量 PD	证实未开发储量 PUD	证实储量 P1
	原油（千桶）	原油（千桶）	原油（千桶）
某油田	16613	9752	26365

截至 2022 年 12 月 31 日的 NPV 值是将通过经济模型得到的现金流按 10% 折现率得到的属于合同者的净现值，见表 7-3。

表 7-3 截至 2022 年 12 月 31 日合同者拥有的净现值（折现率 10%）

项目	证实已开发储量 PD（千美元）	证实未开发储量 PUD（千美元）	证实储量 P1（千美元）
某油田	75977	25369	101346

依据 SEC 储量价值评估准则，某油田 P1 净储量为 9228 百万桶，PD 净储量为 5815 百万桶，PUD 净储量为 3413 百万桶（表 7-1），经济极限年份及现金流剖面见表 7-4 至表 7-6。

表 7-4 某油田经济截至年限表

评价年份	项目 / 合同区	合同期		经济截止期	
		SEC-PD	SEC-P1	SEC-PD	SEC-P1
2022 年	某油田	2041 年	2041 年	2032 年	2032 年

表 7-5 某油田合同者证实已开发储量（PD）现金流剖面表（SEC 标准）

年度	原油总储量（千桶）	原油份额储量（千桶）	总收入（百万美元）	矿税（百万美元）	操作费（百万美元）	所得税（百万美元）	净收入（百万美元）	净现值 @10%（百万美元）
2023	3191	1117	105704	14207	23469	41791	26236	22741
2024	2724	953	90218	12126	22003	34584	21505	16946
2025	2282	799	75590	10160	20619	27775	17036	12204
2026	1918	671	63548	8541	19479	22171	13357	8698
2027	1604	561	53138	7142	18494	17326	10176	6024
2028	1346	471	44583	5992	17684	13344	7562	4070
2029	1130	395	37421	5030	17006	10011	5374	2630
2030	951	333	31515	4236	16447	7263	3570	1588
2031	797	279	26398	3548	15963	4881	2007	811
2032	670	234	22185	2982	15564	2920	719	264

表 7-6 某油田合同者证实已开发储量（1P）现金流剖面表（SEC 标准）

年度	原油总储量（千桶）	原油份额储量（千桶）	总收入（百万美元）	矿税（百万美元）	资本性支出（百万美元）	操作费（百万美元）	所得税（百万美元）	净收入（百万美元）	净现值@10%（百万美元）
2023	5140	1799	170243	22882	52850	30924	65638	1155	1001
2024	4370	1529	144738	19454	44100	28510	51706	7576	5969
2025	3624	1268	120043	16135	32200	26173	39888	31943	22882
2026	3031	1061	100410	13496	18550	24314	30423	26229	17081
2027	2530	885	83795	11263	9100	22742	22690	27101	16044
2028	2118	741	70155	9429	0	21451	16342	22933	12343
2029	1774	621	58752	7897	0	20371	11035	19449	9516
2030	1490	522	49360	6634	0	19482	6664	16580	7375
2031	1245	436	41240	5543	0	18714	2884	14099	5701
2032	1044	365	34565	4646	0	18082	2497	9340	3434

八、风险提示

报告中的储量评估结果是基于评估日的开发现状、财税条款、项目运行情况预测未来的生产状况。必须指出的是，该结果仅反映了当前的评估值，在此之后，随着新资料的增加，对项目的认识可能有变化。

经济模型建立的主要目的是按照 SEC 规则计算净储量和净现值，净现值并不代表此项目的实际资产价值。

此报告仅供合同者掌握该项目的 SEC 储量评估结果，不能应用于其他目的。

第八章 海外油气单井经济评价关键技术与实践

第一节　海外油气单井经济评价关键技术

一、概述

海外油气田开发企业以经济效益为中心，实施低成本战略是提高经济效益的方法之一。低成本战略的关键在于对每一口单井进行技术和经济评价，对各个不同效益水平的油井采取不同措施，从而保证油气田开发的高绩效。尤其是在油价较低时，这项工作对确保油气田开发企业经济效益的相对稳定具有直接作用。

单井是油气田日常生产管理的最小单位。单井核算就是把生产中各个环节直接和间接发生的费用通过一定的方法归集和分解到单井上，对影响单井经济效益的主要因素进行分析，及时掌握每口井动态成本变化情况；建立相应的单井的成本核算体系，计算出每个区块和单井的成本和损益，并对区块和单井进行经济效益分类评价，进而对油田经济效益趋势进行预测，从而为生产经营决策提供依据。

海外油气单井经济评价的积极意义在于：

（1）增强经营指标分配的科学合理性。在地质开发对单井配产、工作量安排的基础上，根据单井的效益状况分配成本，克服了以往仅依据产量平均分配成本带来的弊端，从而增强经营指标分配的科学合理性。

（2）应用单井效益分析掌握区块不同效益区间的单井分布，进而明确区块的整体效益状况，为确定以后综合治理区块、治理工作量以及调整改造投资项目的确定提供依据，并通过优化治理方案（包括对治理效益的预测及评价）提高区块治理的开发效果和效益水平。

（3）用于现场单井的生产管理。加大对边际效益井和无效井的监控，通过对影响单井效益的地质因素和操作成本构成因素的分析，制定合理的增效管理办法。

（4）应用于措施后效益评价分析和措施投入决策。依据单井措施投入、操作成本、油价等参数计算出措施后效益水平；根据措施投入计算措施增油最低界限值，从而确定措施投入可行性。应用于措施投入方向的总体决策，优化措施结构，提高措施投入的整体效益水平。

（5）实现单井效益和措施效益预测的快速查询。根据不同区块开发特点，绘制单井效益评价图版和措施效益预测图版，实现单井效益和措施效益预测的快速查询，简化分析过程，提高评价效率。

（6）提供成本控制的方向和降低成本的对策。通过分析油田操作成本构成因素，明确成本构成因素所占的比例，找出成本控制的方向和降低成本的对策。

二、主要特征

（1）地域性与独特性：海外油气单井都位于特定的地理和地质环境中，其评价必须考虑当地的自然环境、政治经济情况、基础设施条件以及社会文化因素等。同时，每个单井的地质条件、储层特性、油藏类型等也各不相同，因此评价过程中需要针对具体单井的独特性进行分析。

（2）数据依赖性与完整性：海外油气单井评价高度依赖于地质勘探数

据、开发历史数据、生产技术数据以及市场数据等。数据的完整性、准确性和可靠性对评价结果具有重要影响。因此，评价过程中需要确保数据的全面性和准确性，并合理应用数据处理和分析技术。

（3）技术性与专业性：海外油气单井评价涉及地质、工程、经济等多个领域的专业知识，要求评价人员具备较高的技术水平和丰富的实践经验。评价过程中需要运用专业的技术和方法，如地质建模、储量评估、生产预测、经济分析等，以得出科学合理的评价结果。

（4）风险性与不确定性：海外油气单井评价面临多种风险和不确定性，包括地质风险、市场风险、汇率风险、政策风险等。这些风险和不确定性可能影响单井的储量规模、开发成本、经济效益等方面。因此，评价过程中需要充分考虑各种风险因素，并进行风险评估和不确定性分析。

（5）综合性与系统性：海外油气单井评价是一个综合性的过程，需要综合考虑地质条件、开发技术、经济效益、环境保护等多个方面的因素。同时，评价过程也需要遵循系统性的原则，确保评价的全面性、一致性和协调性。

三、经济评价关键技术

油气田投入开发生产后，为了确保油田生产和后续钻井、措施作业的效益水平，需要对新钻井和措施作业、油气田生产单元以及生产井分别开展经济评价，根据经济评价结果采取相应的管理或技术措施，提高开发生产的效益。

新井和措施作业经济评价结果，是年度开发工作量部署的重要依据。油公司在每年建议的工作计划和预算中，需要提供单井经济评价和单项措施效益评价资料，作为支持文件。

生产井单井经济评价是油气田开发生产精细化管理的手段。具备条件的项目公司可精细劈分生产成本，定期开展生产井的单井经济评价，以优化油田气生产管理，精细控制成本，提升效益。

极端低油价下，油公司需要根据油气田生产成本可劈分情况，细分生产单元并开展分生产单元的经济评价，对负效益的生产单元提出关停方案。

1. 新井和措施作业经济评价方法

1）评价范围

新井：油气田投入开发生产后，每年部署的开发井，以单井为评价单元。

措施作业：包括压裂、酸化、补孔、调层、堵水、防砂、大修等措施，以单次措施为评价单元。

2）评价方法

对新井与措施作业均采用增量法进行评价。

增量法：用包含新井或措施作业的油公司口径净现金流，减去不包含新井或措施作业的现有方案油公司口径净现金流，评价新增投资的增量现金流。

3）参数选取

需要对新井或措施的增量评价参数进行合理预测，参数选取按照如下方法：

（1）油价与折现率按照油公司规定执行；

（2）新井初产参照近期相同油层邻井的生产情况确定；

（3）措施作业产量参照近期同类型措施作业的生产情况确定；

（4）递减率参照近年新井与措施作业的产量递减规律确定；

（5）单井投资与措施作业费用根据近年实际水平确定；

（6）操作成本应包括新井与措施作业相关的所有费用，应当分析新井与措施作业的操作成本是否会导致固定成本变化（营地支出、员工薪酬、管理费用等），还是仅影响可变部分（用电量、材料消耗等）。

4）建立图版

需要对新井或措施的增量评价参数进行合理预测，参数选取按照如下方法：

油公司制定经济极限产量图版。按照增量法，计算未来不同油价及不同投资等情境下，合同期内新井的内部收益率为基准收益率时对应的初始产量及累计产量，绘制出相应图版，方便实际生产中决策。示例如图 8-1 和图 8-2 所示。

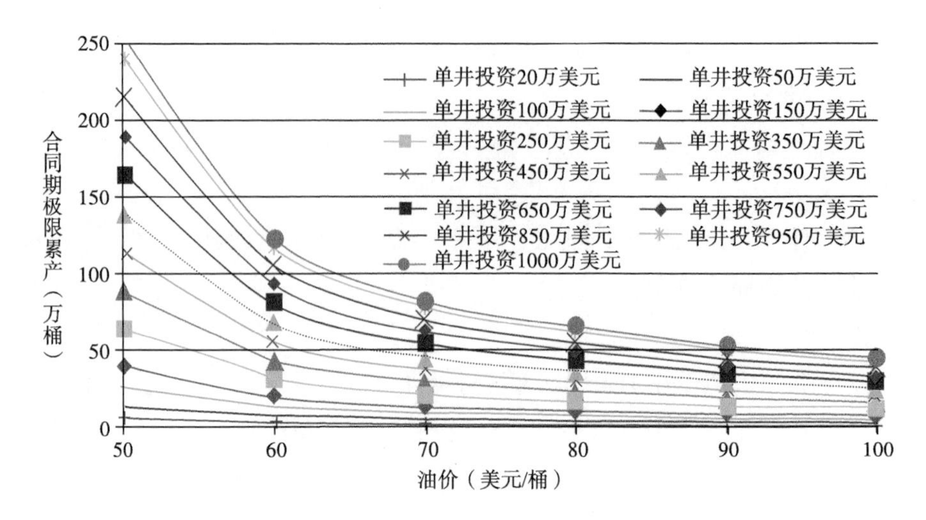

图 8-1 经济极限产量图版 1

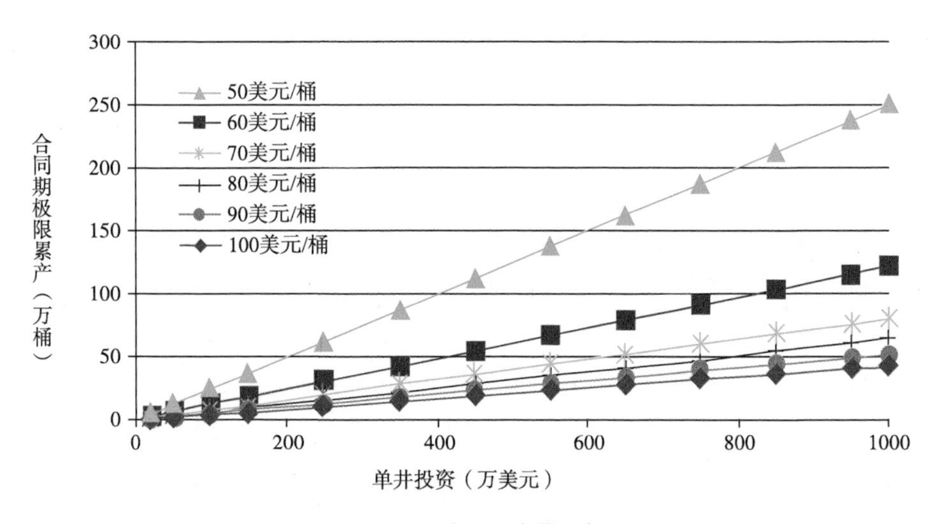

图 8-2 经济极限产量图版 2

2. 油气田分生产单元经济评价方法

1）评价范围

海外在产油气田，均应当细分生产单元，开展分生产单元效益评价。

2）评价方法

（1）采用折现现金流法。

（2）生产单元划分：生产单元是指操作成本可以独立核算的油田、断块、油藏，或者相对独立的地面设施，如中心处理站、转油站、计量站等。

（3）评价时应按生产单元的划分精细劈分成本，劈分后的成本与生产单元严格对应。

3）参数选取

需要对生产单元的评价参数进行合理预测，参数按照如下方法选取：

（1）油价与折现率按照油公司规定执行。

（2）生产单元的产量剖面参照近 3 年本生产单元的递减规律确定。

（3）操作成本应包括本单元维持正常生产的所有费用，除了本单元的可变成本之外，应当准确劈分固定成本当中，分摊到本生产单元的相关成本（营地支出、员工薪酬、管理费用等）。

4）效益判断标准

生产单元税后收入

= 生产单元销售收入 − 生产单元矿税（矿税制合同）

= 生产单元成本油 + 生产单元利润油（产品分成合同）

= 生产单元成本油 + 生产单元报酬费 − 生产单元所得税（服务合同）

定义 3 类生产单元效益标准如下：

（1）有效益生产单元：生产单元税后收入 ≥ 固定 / 间接操作费 + 可变 / 直接操作费。

（2）边际效益生产单元：固定 / 间接操作费 + 可变 / 直接操作费 > 生产单元税后收入 ≥ 可变 / 直接操作费。

（3）无边际效益生产单元：生产单元税后收入 < 可变 / 直接操作费。

3. 生产井开发经济评价方法

1）评价范围

海外在产油气田的所有生产井，均应当进行生产井开发效益评价，以单井为评价单元。

2）评价方法

（1）采用折现现金流法。

（2）矿税制合同应计算劈分至单井的单桶矿税。

（3）产品分成合同应计算劈分至单井的单桶成本油与利润油。

3）参数选取

需要对生产单元的评价参数进行合理预测，参数按照如下方法选取：

（1）油价与折现率按照油公司规定执行。

（2）生产单元的产量剖面参照近3年本生产单元的递减规律确定。

（3）单井操作成本劈分方法：按照操作成本会计核算方法，需要将操作成本劈分至单井，分为固定/间接操作成本和可变/直接操作成本。固定/间接操作成本指的是需要用一种标准分配至单井的费用，包括地面设施费用、辅助生产部门费用、公共支持费用、管理费用等；可变/直接操作成本指的是与生产直接相关，可以计入单井的费用。

固定/间接操作成本可以按照表8-1标准进行劈分。

表8-1　固定/间接操作成本建议劈分标准

序号	分摊类型	相关费用
1	按开井数	管理费用
2	按生产天数	材料费、燃料费、其他动力费、直接人员费、井下作业费、测井测试费、维护及修理费、运输费、其他直接费
3	按油气产量	其他期间费用、地质勘探费用、轻烃回收费
4	按掺油（水、药）量	掺稀费、掺水费、掺药费
5	按产液量	油气处理费、运输费
6	按受效井产液量	注入井测试费、注入井作业费
7	按铭牌功率、电机功率、负载率	电度费、容量电费
8	按注汽、注水量	稠油热采费、注汽自用油（气）产品、注水费
9	按产气量	天然气处理费

4）效益判断标准

单井税后收入

= 单井销售收入 − 单井单元矿税（矿税制合同）

= 单井成本油 + 单井利润油（产品分成合同）

= 单井成本油 + 单井报酬费 − 单井所得税（服务合同）

定义 3 类开发井效益标准如下：

（1）有效益井：单井税后收入 ≥ 固定 / 间接操作费 + 可变 / 直接操作费。

（2）边际效益井：固定 / 间接操作费 + 可变 / 直接操作费 > 单井税后收入 ≥ 可变 / 直接操作费。

（3）无边际效益井：单井税后收入 < 可变 / 直接操作费。

第二节　海外油气单井经济评价实践

一、评价范围

本次针对海外某气田单井进行经济评价。

二、评价依据

（1）某石油公司（合同者）与某国政府签订的产品分成合同；

（2）单井产量剖面；

（3）单井投资预测；

（4）单井生产成本等参数。

三、经济评价方法

单井经济评价采用增量现金流折现法。单井经济评价通过增量现金流折现法计算内部收益率、财务净现值和投资回收期等财务指标，评价单井效益的好坏。

四、合同模式及财税条款

合同者与某国政府就某气田签署产品分成合同，某气田中的单井经济评价适用于此产品分成合同条款。合同条款详见表 8-2、表 8-3。

表 8-2 某气田主要财税条款

<table>
<tr><th>序号</th><th>项目</th><th colspan="2">某气田</th></tr>
<tr><td>1</td><td>基础气</td><td colspan="2">为天然气总产量的 10%</td></tr>
<tr><td>2</td><td>矿费</td><td colspan="2">合同者按照固定费率以实物形式支付矿费，费率为 5%，矿费基础为总产量扣除基础气</td></tr>
<tr><td>3</td><td>回收费用</td><td colspan="2">合同者有权用最高 35% 的扣除基础气和矿费的现有天然气的额度补偿可回收费用；当年 100% 回收</td></tr>
<tr><td>4</td><td>产品分成</td><td colspan="2">分成天然气按固定分成比分成，政府 65%，合同者 35%</td></tr>
<tr><td rowspan="6">5</td><td rowspan="6">签字费和生产定金</td><td colspan="2">签字费：700 万美元</td></tr>
<tr><td>累计产量
（百万立方米）</td><td>生产定金
（万美元）</td></tr>
<tr><td>2</td><td>50</td></tr>
<tr><td>5</td><td>80</td></tr>
<tr><td>10</td><td>150</td></tr>
<tr><td>20</td><td>200</td></tr>
<tr><td>6</td><td>培训费</td><td colspan="2">在勘探开发许可证有效期内培训费 10 万美元 / 年，为不可回收费用</td></tr>
<tr><td>7</td><td>社会捐献</td><td colspan="2">在勘探开发许可证有效期内培训费 10 万美元 / 年，为不可回收费用</td></tr>
</table>

根据产品分成合同，可回收费用包括操作费用、开发投资和弃置费；如果在当年从费用回收气中不足以回收全部可回收费用，则未回收的差额部分应转至下一个年度进行回收，直到可回收费用从费用回收气中全额回收。

表 8-3 应税利润计算过程

<table>
<tr><td>1</td><td>所得税</td><td>应纳税所得的 35%；上年度亏损可结转下年度抵税，但不超过 5 年</td></tr>
<tr><td rowspan="3">2</td><td rowspan="3">应税利润计算过程中的折旧及抵扣</td><td>操作费 -100%</td></tr>
<tr><td>开发投资 -50%</td></tr>
<tr><td>弃置费 -100%</td></tr>
</table>

利润税的税基是应税利润，应税利润＝合同者收入－操作费用－分摊的开发投资－分摊的弃置费－上期结转的计税亏损。

如果在报告（纳税）期内合同者亏损，那么该报告期的税基被确认为零。

每个日历年度利润税税额为应纳税所得额与税率（20%）的乘积。利润税的计税期等于日历年度。

五、关键经济参数

（1）评价期：15年（2023—2037年）。

（2）气价：根据某气田历史天然气价格与布伦特原油价格关系进行回归分析，结合目前国际原油价格市场走势，取长期天然气价格150美元/千立方米。

（3）操作费：包括可变操作费和固定操作费两部分。根据目前实际数据，可变操作费按照6.89美元/千立方米取值，固定操作费按照15.23万美元/井取值。

（4）弃置费：按照投资总额的5%估算。

（5）商品率：根据某气田历史商品率，取98%。

（6）折现率：取12%。

六、单井产量预测

根据合同者未来总体部署情况，选取某气田2023年重点开发的10口井进行分析，详见表8-4。

表8-4 单井基本情况统计表

单井序号	所属气田	井型	预计开钻年份	预计首年生产天数
1	某气田	大斜度井	2023	90
2			2023	30
3			2023	30

续表

单井序号	所属气田	井型	预计开钻年份	预计首年生产天数
4	某气田	大斜度井	2023	210
5			2023	210
6			2023	210
7			2023	210
8			2023	120
9			2023	270
10			2023	270

根据气藏工程预测，本次选取的单井初始配产主要分布在（30～40）万立方米 / 天，个别高产井达到了55万立方米 / 天。单井产量预测详见表8-5、表8-6。

表8-5　单井配产预测　（单位：万立方米 / 天）

单井序号	1	2	3	4	5	6	7	8	9	10
2023年	20	55	25							
2024年	20	55	25	35	30	40	25	35	35	30
2025年	20	55	25	35	30	40	25	35	35	30
2026年	20	55	25	35	30	40	25	35	35	30
2027年	20	55	25	35	30	40	25	32	35	30
2028年	20	55	25	35	30	40	25	28	35	30
2029年	19	55	20	35	30	40	23	21	35	30
2030年	15	55	14	35	30	40	22	19	35	30
2031年	12	55	9	35	30	39	20	17	35	26
2032年	9	52	6	35	26	36	19	15	33	22
2033年	7	40	4	30	22	33	17	9	26	18
2034年	6	29		30	18	30	16	1	19	16
2035年	4	16		25	16	27	15		10	13
2036年		6		25	14	23	14		4	11
2037年		1		20	12	20	13		1	10

表 8-6 单井年产量预测 （单位：亿立方米）

单井序号	1	2	3	4	5	6	7	8	9	10
2023 年	0.18	0.17	0.08							
2024 年	0.73	2.01	0.91	0.74	0.63	0.84	0.53	0.42	0.95	0.81
2025 年	0.73	2.01	0.91	1.28	1.10	1.46	0.91	1.28	1.28	1.10
2026 年	0.73	2.01	0.91	1.28	1.10	1.46	0.91	1.28	1.28	1.10
2027 年	0.73	2.01	0.91	1.28	1.10	1.46	0.91	1.18	1.28	1.10
2028 年	0.73	2.01	0.89	1.28	1.10	1.46	0.90	1.03	1.28	1.10
2029 年	0.69	2.01	0.73	1.28	1.10	1.46	0.85	0.78	1.28	1.10
2030 年	0.56	2.01	0.53	1.28	1.10	1.46	0.80	0.70	1.28	1.10
2031 年	0.44	2.01	0.34	1.28	1.10	1.43	0.74	0.61	1.28	0.93
2032 年	0.34	1.91	0.21	1.28	0.96	1.32	0.69	0.55	1.22	0.79
2033 年	0.26	1.48	0.14	1.09	0.81	1.21	0.63	0.33	0.94	0.67
2034 年	0.20	1.06	0.00	1.09	0.67	1.10	0.59	0.05	0.68	0.57
2035 年	0.16	0.60	0.00	0.91	0.58	0.97	0.54	0.00	0.38	0.49
2036 年	0.00	0.24	0.00	0.91	0.50	0.84	0.50	0.00	0.15	0.41
2037 年	0.00	0.04	0.00	0.73	0.45	0.72	0.46	0.00	0.03	0.35

七、单井投资预测

单井投资根据所属气田已完钻井投资预测，详见表 8-7。本次测算的新井位于气田东部，受埋深影响，单井综合投资几乎都在 20.00 百万美元以上，主要分布在（22.00 ～ 26.00）百万美元 / 口的区间，个别管线较长的井单井综合投资达到了 30.00 百万美元以上。

表 8-7 单井投资预测 （单位：百万美元）

单井序号	所属气田	钻井投资	采气投资	地面配套	其他	单井总投资
1	某气田	19.3	2.3	2.8		24.4
2		17.0	2.5	2.9		22.4

续表

单井序号	所属气田	钻井投资	采气投资	地面配套	其他	单井总投资
3	某气田	17.5	2.5	2.7		22.7
4		13.0	2.7	3.0	3.0	21.7
5		16.1	2.6	3.5	4.0	26.2
6		16.1	2.6	3.5	4.0	26.2
7		7.0	2.5	2.4	3.0	14.9
8		17.8	2.5	1.8		22.1
9		22.5	3.5	4.5		30.5
10		21.5	3.5	7.8		32.8

八、评价结果

本次评价的10口井在现有技术经济条件下均能取得良好的经济效益，其中2号井经济效益最好。经济评价结果详见表8-8。2号井现金流量图详见图8-3。

表8-8　经济评价结果表

单井序号	所属气田	投资（百万美元）	内部收益率（%）	财务净现值（百万美元）	投资回收期（年）
1	某气田	24.4	13.35	32.91	3.0
2		22.4	35.28	144.39	1.7
3		22.7	15.33	37.81	2.6
4		21.7	25.45	94.36	2.6
5		26.2	20.18	67.63	3.0
6		26.2	28.29	101.63	2.6
7		14.9	18.69	61.14	2.5
8		22.1	16.12	48.05	2.8
9		30.5	22.62	72.93	2.9
10		32.8	18.07	59.79	3.3

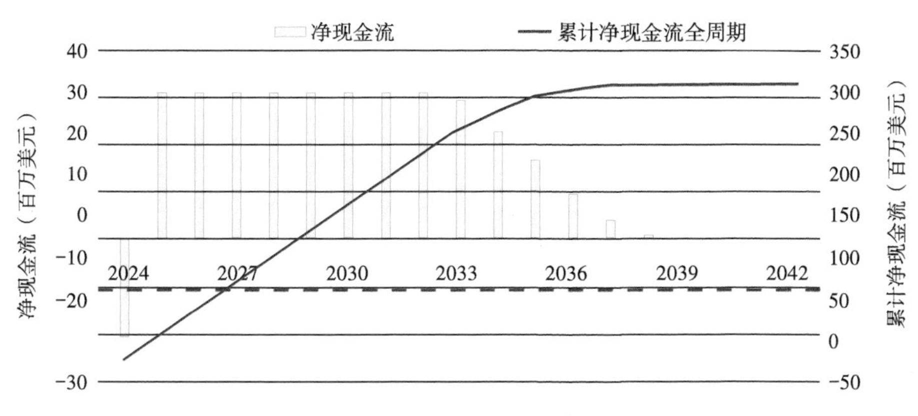

图 8-3 2 号井现金流量图

九、敏感性分析

选取本次评价效益最好的 2 号井进行做单因素敏感性分析。根据项目实际情况，选取天然气价格、产量、投资、操作成本其中的 1 个作为变化的敏感性因素，假定其他因素不变的情况下，估算该敏感性因素变化对单井效益产生的影响，详见图 8-4。

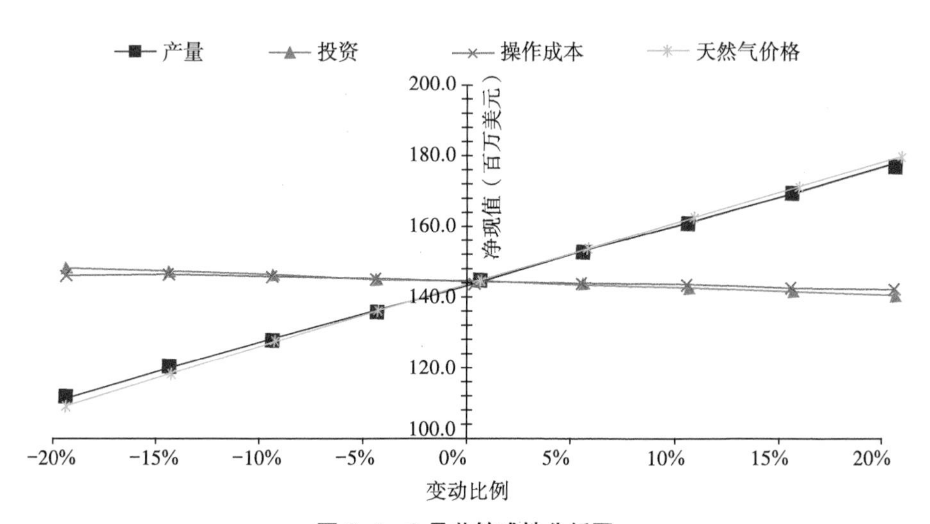

图 8-4 2 号井敏感性分析图

通过敏感性分析可见，产量及天然气价格的变动对2号井效益影响较大，投资和操作费的变动对这些高产井效益影响较小。在实际生产中应加强单井地质气藏综合研究，制定合理的产量价格联动政策，确保单井效益。

第九章
海外油气并购估值关键技术与实践

第一节　海外油气并购估值关键技术

一、概述

海外油气并购是指跨国石油企业为了获取海外油气资源，通过购买、兼并或其他方式获得目标油气公司的控制权或资产所有权的行为。这种并购行为通常涉及大量的资金和资源，并且需要考虑到各种风险和挑战，如政治风险、市场风险、技术风险、合同风险等。海外油气并购对于跨国企业来说，是一种重要的战略投资方式，可以帮助企业扩大市场份额、提高资源储备、降低成本、增强竞争力等。同时，海外油气并购也需要遵守相关的法律法规和监管要求，确保并购的合法性和合规性。

海外油气并购流程通常包括以下步骤：

（1）并购目标搜寻：

①确定油气并购的总体发展规划、投资方向、自身的投资能力和规模。

②对国际油气市场的机遇和预判进行分析，考虑国内市场的变动及对策，以及产业布局的系统性调整。

③对海外油气市场进行跟踪，评估法律环境、政策环境、政府效能、产业环境、税收环境、金融环境、交通环境、竞争环境、资源环境、进出口环境、社会环境和文化环境等因素。

（2）初步接洽与调查：

①与具体并购目标进行初步商务性接触，初步建立沟通和调查渠道。

②查明重要合同，包括租让制合同、产品分成合同、服务合同和联合作业协议等石油合同相关文件，了解其中的转让限制、要求及义务责任条款。

③进行法律操作路径的初步确定和可行性论证。

（3）尽职调查与谈判：

①对目标油气资产进行尽职调查，了解资产规模、原油品质、储量、产量、成本、市场等方面的信息。

②进行估值并开展商务性谈判和法律性谈判，确定并购价格、交易结构、支付方式等关键条款。

（4）签订并购协议：

①签订并购意向书或并购框架协议，明确双方的基本意向和主要条款。

②签订正式的并购协议，明确双方的权利义务、违约责任、争议解决等条款。

（5）融资与审批：

①确定融资方式和路径，包括自有资金、银行贷款、股权融资等。

②提交国家发改委、商务部、外管局、国资委等部门的审批申请，并履行相应的信息披露义务（对于上市公司而言）。

（6）并购实施：

①按照协议确定的规则进行正式交接，包括资产过户、人员交接、业务交接等。

②履行其他条款，如支付并购款项、承担相应责任等。

（7）并购后整合：

①对被收购企业进行公司治理结构的调整，包括公司章程的修改、管

理层的调整等。

②对被收购企业的整体运营进行改造，包括生产、销售等方面的调整和优化。

（8）投资退出机制：

①根据并购目的和战略规划，制定投资退出机制，包括整体转让（再并购）、分拆和重组、回购安排等。

②如果被并购企业有上市计划，也可以考虑以被并购企业为母体重新进行资本构架上市后退出。

需注意的是，以上流程仅供参考，具体的并购流程可能因油气项目具体情况、资源国法律法规等因素而有所不同。在进行海外油气并购时，建议咨询专业律师投行、会计师事务所等的意见，以确保并购的顺利进行和合规性。

海外油气并购还需考虑以下主要因素：

（1）资源储量规模：油气并购的核心要素之一是资源储量规模。由于石油资源分布在地下，其资源潜力、地质储量和探明储量都充满不确定性。

（2）国际油气市场风险：国际油气市场是一个复杂而多变的市场，影响价格的因素很多。同时，市场经营方面的风险也需要纳入并购考虑范围。

（3）并购成本：海外油气并购资金一般数额巨大，融资成本高昂。巨额资金的拨付容易抽空并购企业自有的流动资金，形成高负债率，加大资金链风险。因此，在并购时，需要充分考虑并购成本及融资方式的影响。

（4）合同条款：对于海外油气并购来说，无论是资产并购还是公司并购，都需要在资产层面查明重要的石油合同相关文件，如租让制合同、产品分成合同、服务合同、联合作业协议、油气购销协议等。这些合同条款中的转让限制、要求及义务责任条款需要符合国际油气惯例。

二、主要特征

（1）资源导向性：海外油气并购的主要目的是获取目标油气公司的油气资源。跨国石油企业会根据自身的战略需求和发展规划，选择资源储备丰富、开发潜力大的油气田或油气公司作为并购目标。

（2）技术与管理要求：油气行业是一个技术密集型行业，对技术和管理水平的要求较高。因此，在海外油气并购中，企业通常会关注目标油气公司的技术实力和管理团队的能力，以确保并购后能够顺利运营并提升油气产量。

（3）高风险性：海外油气并购涉及的政治、经济、法律等风险较大。企业需要充分评估各种风险，并采取相应的措施进行防范和应对。例如，政治风险可能导致政策变动或资源被没收；经济风险可能影响油气价格和市场需求；法律风险可能涉及合同违约或诉讼等问题。

（4）资金需求大：海外油气并购涉及的资金量通常较大，企业需要进行充分的融资安排。融资方式可能包括自有资金、银行贷款、股权融资等。同时，企业还需要考虑融资成本、资金流动性等因素。

（5）并购策略多样化：随着海外油气并购经验的积累，企业的并购策略逐渐从机会主义向资源和战略导向转变。在并购过程中，企业会根据自身情况和目标油气公司的特点，制定合适的并购策略，如全资收购、控股收购、参股收购等。

（6）合作与竞争并存：在海外油气并购中，企业之间既存在竞争关系，也存在合作关系。为了降低风险和成本，企业可能会寻求与其他企业或机构的合作，共同开发油气资源。同时，在竞争激烈的市场环境中，企业也需要不断提高自身的竞争力，以获取更多的并购机会。

（7）法律法规和监管要求：海外油气并购需要遵守相关的法律法规和监管要求。企业需要了解目标油气公司所在国家的法律法规和监管政策，确保并购行为符合当地的规定和要求。同时，企业还需要关注国际油气行业的监管趋势和政策变化，以应对潜在的风险和挑战。

三、关键技术

油气资产的价值主要有两种表现形式：账面价值和市场价值。账面价值即资产负债表上反映的总资产、净资产，主要反映历史成本。市场价值如股票的市值、兼并收购中支付的对价等，主要反映未来收益的多少。在多数情况下，账面价值不能真实反映企业未来的收益，因此账面价值和市场价值往往有较大差异。总的来说，账面价值主要用于会计目的，而资本市场上的投资者更为关注的则是市场价值。

估值，也被称为价值评估或价值估算，是指对某个公司、资产、项目或证券等进行价值估计的过程。这个过程旨在估算出该对象在当前市场环境下的公允价值或内在价值。估值是金融、投资、经济学等领域中的核心概念，对于投资者、分析师、企业家等具有重要意义。

估值的含义主要包括以下几个方面：

（1）揭示价值：估值通过特定的方法和模型，对某个对象进行价值评估，从而揭示其内在价值或市场价值。这有助于投资者了解该对象的真实价值，为其投资决策提供依据。

（2）决策支持：估值结果为投资者提供了重要的决策支持。在投资决策过程中，投资者需要综合考虑多个因素，包括公司的基本面、行业前景、市场走势等。估值结果作为其中一个重要因素，有助于投资者判断该对象是否值得投资，以及投资多少。

（3）风险管理：估值还有助于投资者进行风险管理。通过对投资对象的估值，投资者可以了解该对象的潜在风险和收益情况，从而制定相应的风险管理策略，降低投资风险。

（4）资源配置：估值在资源配置方面也具有重要意义。通过估值，企业可以了解自身在市场上的价值，从而更好地进行战略规划、资源整合和资本运作。同时，估值还有助于企业了解竞争对手的价值，为市场竞争提供参考。

估值的方法一般分为绝对估值法和相对估值法两大类。在油气资产估值中，一般采用现金流贴现估值法、可比交易法和可比公司法。现金流贴现估值法最为常见，其次是可比交易法。下面重点介绍现金流贴现法和可比交易法。

1. 现金流贴现法

现金流贴现法是一个利用加权平均资本成本（WACC），计算无杠杆作用的自由现金流（UFCF）或流向全部资本提供者的资金的现值来进行估值的工具。全部资本提供者包括普通股股东、优先股股东和债权人。无杠杆作用的自由现金流贴现得到的是企业价值，在减去债务并加回现金后得到股权价值。

1）计算步骤

（1）计算油气资产在评价期的无杠杆自由现金流。根据不同合同模式和财税条款，建立经济评价模型，通过输入相关经济参数，例如未来油气产量、实现价格、资本性支出、运营成本支出等，编制拟并购油气资产的经营现金流量表。

（2）计算加权平均资本成本。无杠杆自由现金流进行贴现时使用的贴现率是企业的加权平均资本成本。加权平均资本成本等于公司所有投资者（包括债权人和股东）要求的回报。在油气并购中，一般选取目标资产的资本机构作为基础计算加权平均资本成本。

（3）计算终值。现金流贴现法对企业进行估值是假设该企业会持续经营下去。实际操作中，只可能对企业未来有限期间内每年的现金流进行预测（预测期）。对预测期每年的现金流可以逐年进行贴现得到其现值，而对预测期以后直至永远的现金流的总价值，通常基于一定的假设简化计算。这些预测期以后直至永远的现金流的总价值称为终值。在油气并购中计算终值的常用方法是退出倍数法。假设被估值的企业在预测期期末出售所可能卖得的价格，通常该价格按照一定的估值倍数估算。可以按照预测期最后一年的税息折旧及摊销前利润（EBITDA）和一定的企业价值 /EBITDA 倍数估算。

（4）计算企业价值。根据现金流贴现模型计算得到企业价值。

（5）计算目标资产价值。目标资产价值 = 企业价值 − 净债务 − 少数股权权益。

2）现金流贴现法的优缺点

（1）优点：

①重视现金流。现金流贴现法以未来现金流为基础，强调现金流对企业价值的重要性。在油气行业中，现金流的稳定性和持续性对评估企业价值至关重要。

②考虑时间价值。现金流贴现法通过折现未来的现金流来反映时间价

值的影响，更全面地评估了投资项目的风险和收益。

③适用于长期投资决策。由于现金流贴现法基于预测的未来现金流进行估值，因此它特别适用于长期投资决策，如油气勘探和开发项目。

④灵活性。现金流贴现法允许投资者根据具体情况调整预测期限、折现率等参数，以适应不同的并购场景和战略需求。

（2）缺点：

①预测风险的不确定。现金流贴现法需要对未来的现金流进行预测，而这些预测可能存在一定的不确定性。如果预测不准确，将直接影响估值结果的准确性。

②敏感性高。现金流贴现法对折现率的选择非常敏感。折现率的选择不仅影响估值结果的大小，还可能改变估值结果的方向（即正值或负值）。因此，选择合适的折现率至关重要。

③依赖性强。现金流贴现法需要依赖大量的数据和假设条件，如未来油价、产量、成本等。这些数据和假设条件的准确性和可靠性将直接影响估值结果的准确性。

④计算复杂。现金流贴现法的计算过程相对复杂，需要一定的财务和数学基础。同时，由于需要预测多个未来的现金流并选择合适的折现率，因此在实际应用中可能存在一定的困难。

2. 可比交易法

油气并购中的可比交易法是一种基于市场上类似油气资产交易数据来评估目标油气资产价值的方法。这种方法的核心在于寻找与目标油气资产在储量、产量、地理位置、地质条件等方面相似的已完成的并购交易，通过分析这些交易的价格和条件，来推断目标油气资产的合理价值。

1）计算步骤

（1）选择可比交易案例。首先，需要筛选出在时间、地区、油气类型、储量规模、开发阶段等方面与目标油气资产相似的已完成并购交易案例。这些案例应该具有足够的代表性，能够反映目标油气资产的市场价值。

（2）分析可比交易案例。对选定的可比交易案例进行深入分析，包括交易价格、交易条件、支付方式、并购后的业绩变化等。通过对比分析，可以了解类似油气资产在市场上的交易情况和价格水平。

（3）确定价值评估参数。根据对可比交易案例的分析，确定用于评估目标油气资产价值的参数，如储量价值系数、产量价值系数、地质条件系数等。这些参数应该能够反映目标油气资产的特点和市场价值。

（4）计算目标油气资产价值。根据确定的价值评估参数和目标油气资产的实际情况，计算出目标油气资产的价值。这通常是通过将目标油气资产的储量、产量等关键指标与相应的价值评估参数相乘，然后求和得到。

2）可比交易法的优缺点

（1）优点：

①基于实际交易数据。可比交易法基于市场上已完成的类似油气资产交易数据，这些实际交易数据为评估提供了真实的参考，有助于更准确地反映目标油气资产的市场价值。

②可比性强。在选择可比交易案例时，会考虑时间、地区、油气类型、储量规模、开发阶段等多个方面的相似性，使得评估结果具有较强的可比性。

③易于理解和接受。由于可比交易法基于市场上类似资产的交易价格进行评估，这种方法易于被市场参与者理解和接受，降低了交易过程中的沟通成本。

（2）缺点：

①难以找到完全可比的交易案例。油气资产具有其独特性，很难找到在各个方面都完全可比的交易案例。这可能导致评估结果存在一定的误差。

②受市场波动影响较大。油气市场价格波动较大，这可能导致可比交易案例的交易价格与目标油气资产的实际价值存在较大差异。因此，在使用可比交易法时，需要关注市场动态，并对评估结果进行适当的调整。

③忽略了一些非财务因素。可比交易法主要关注交易价格和相关财务指标，可能忽略了一些非财务因素，如技术难度、政治风险、环境影响等。这些因素可能对油气资产的价值产生重要影响。

第二节　海外油气并购估值实践

一、并购背景

1998 年 2 月，S 石油公司与某国国家石油公司签署《C 油田区块提高采收率合同》和《Y 油田区块提高采收率合同》，随后 S 石油公司将两个区块的 100% 权益转让给其注册的子公司 R 公司，R 公司成为两个区块的作业者。

2006 年 5 月，R 公司以 650 万美元的对价将两个区块的 40% 权益转让给在百慕大注册的 W 公司；R 公司和 W 公司以 60%/40% 的股比在百慕大成立 W 联合作业公司，W 联合作业公司代替 R 公司成为两个区块的作业者。

2008 年初，W 联合作业公司的股东有意通过出售 W 公司来出让上述两个区块的 40% 权益，同 M 石油公司联系，随即 M 石油公司开展法律、财务、税收尽职调查，对拟收购的 40% 权益开展估值分析。

二、评价依据

（1）C 油田和 Y 油田提高采收率合同；

（2）C 油田和 Y 油田相关的生产数据、成本数据，以及 2007 年、2008 年、2009 年 W 联合作业公司财务年报；

（3）本次估值预测的产量数据，钻井、地面部分分别提供的钻井成本数据、地面投资数据；

（4）其他经济评价参数。

三、经济评价方法

通过对 C 油田和 Y 油田分别编制投资产量数据表、成本回收和利润分成数据表、现金流量表。根据合同，合同者一旦判断没有商业增产油，可以终止合同。最终合并两油田现金流量表，得出40%权益现金流量表，进行估值指标计算。

四、合同模式及财税条款

合同类型均为提高采收率合同，合同期20.5年，1996年10月合同生效，2017年4月到期。本项目估值以2017年4月合同终止为基本项目评价期，该期限内的评价结果可作为投资决策依据。

（1）增量油中15%交矿税，成本回收油上限为增量油的60%，剩余部分为利润油，未回收成本可递延。

（2）每个区块的增量油中的利润油部分，根据以下产量区间进行分成：

①小于2000桶/天：按55%/45%（作业公司/政府）分配。

② 2001～5000桶/天：按45%/55%（作业公司/政府）分配。

③ 5001～10000桶/天：按40%/60%（作业公司/政府）分配。

④ 10001～50000桶/天：按35%/65%（作业公司/政府）分配。

⑤大于50001桶/天：按20%/80%（作业公司/政府）分配。

（3）生产贡金：

①产量达到3000桶/天： 30万美元。

②产量达到5000桶/天： 50万美元。

③产量达到10000桶/天：70万美元。

④产量达到20000桶/天：120万美元。

（4）作业公司利润油的15%需以市场价的80%卖给政府，此部分为国内市场义务。

（5）作业公司利润油的2%作为研究与发展基金。

（6）与油田作业有关的物资、设备等免关税。

（7）政府通过联合管理委员会参与油田管理和作业，年度工作计划和预算需要政府批准。

（8）作业者有权使用区块内政府的设施。

（9）基础油归政府所有，政府派出的人员费用由政府承担。

（10）缴纳企业所得税（税法规定税率为45%）。

五、估值关键经济参数

（1）油价取值：在评价期内，前3年参考国际原油期货价，分别选取80美元/桶，85美元/桶，90美元/桶；以后年份，假设布伦特油价为70美元/桶、80美元/桶，忽略油田销售油价与布伦特油价的价差进行销售收入计算。

（2）操作成本：油田操作成本主要分为地质综合研究费用、行政管理费用、直接生产作业成本、维护费用以及措施费用，取2007年、2008年两年全年以及2009年1－2月的平均值。方案一不考虑地质综合研究费用，Y油田操作费用为4.55美元/桶，C油田操作费用为8.23美元/桶，措施费用6.5万美元/口。其余方案下，上述费用均考虑其中，Y油田操作费用为4.72美元/桶，C油田操作费用为8.78美元/桶，措施费用6.5万美元/口。

（3）商品率：根据两油田2007年、2008年两年全年以及2009年1—2月生产资料表明，从井口到交油点过程中，会出现管损、排水等现象。因此，作为计算销售收入基础，应考虑商品率。取2007年、2008年两年全年以及2009年1—2月平均值，Y油田取92%，C油田取99%。

（4）操作成本上涨率：参考惠誉信用评级公司对美国通货膨胀率的预测，取2.5%。

（5）折旧方法及年限：根据合同，两油田均按照10年直线折旧法进行折旧。

（6）单井钻井投资：根据钻井工程数据，利用外聘钻机，Y油田钻深井成本为153万美元/口，C油田钻浅井成本为90万美元/口。利用油田自有的修井机钻浅井，成本为46万美元。

（7）收购权益比例：油田收购权益比例为40%。

六、评价方案和产量预测

（1）方案1（基础方案）：以Y油田、C油田老井产量自然递减，不采取任何措施工作量作为方案1。评价期起始年为2010年。

（2）方案 2：在 Y 油田、C 油田通过新钻井、老井转注以及进行措施工作量以提高油田产量作为方案 2。评价期起始年为 2010 年。

（3）方案 3：在方案 2 的基础上，考虑措施、注水和新井的潜力区预测工作量加大作为方案 3。评价期起始年为 2010 年。

（4）方案 4：在方案 3 的基础上，加大注采配套完善力度，在选定目标区增加转注工作量；新增 P 区域开展注水开发；在 Y 油田深层砂岩区域部署新井。评价期起始年为 2010 年。

方案 1 和方案 4 预测产量时间为 2010 年 1 月—2017 年 3 月；基础油及各种不同方案下的产油量预测如表 9-1 至表 9-4 所示。

表 9-1　方案 1 总产量、基础油和增产油预测表

油田	产量（万桶）	年份								合计（万桶）
		2010	2011	2012	2013	2014	2015	2016	2017	
Y油田	总产量	64.6	60.5	56.7	53.2	49.8	46.7	43.8	10.3	385.6
	基础油	41.2	39.8	38.5	37.1	35.8	34.5	33.4	8.0	268.3
	增产油	17.4	15.1	13.0	11.2	9.5	7.9	6.3	1.4	81.8
C油田	总产量	19.30	14.99	11.65	9.05	7.03	5.46	4.24	0.82	72.6
	基础油	8.6	8.0	7.5	6.9	6.4	6.0	5.6	1.3	50.3
	增产油	10.4	6.8	4.0	2.0	0.5	0.0	0.0	0.0	23.6

表 9-2　方案 2 总产量、基础油和增产油预测表

油田	产量（万桶）	年份								合计（万桶）
		2010	2011	2012	2013	2014	2015	2016	2017	
Y油田	总产量	64.6	66.1	73.1	75.2	73.3	68.3	62.2	14.2	497.0
	基础油	41.2	39.8	38.5	37.1	35.8	34.5	33.4	8.0	268.3
	增产油	17.4	20.2	27.8	31.2	30.8	27.5	23.0	5.0	182.9
C油田	总产量	19.30	17.78	21.81	28.66	31.80	28.10	23.31	4.65	175.4
	基础油	8.6	8.0	7.5	6.9	6.4	6.0	5.6	1.3	50.3
	增产油	10.4	9.5	14.0	21.3	24.9	21.7	17.4	3.3	122.3

表 9-3　方案 3 总产量、基础油和增产油预测表

油田	产量（万桶）	年份								合计（万桶）
		2010	2011	2012	2013	2014	2015	2016	2017	
Y油田	总产量	64.6	66.1	72.7	76.7	79.5	81.2	81.0	20.1	541.9
	基础油	41.2	39.8	38.5	37.1	35.8	34.5	33.4	8.0	268.3
	增产油	17.4	20.2	27.4	32.6	36.4	39.2	40.2	10.3	223.6
C油田	总产量	19.30	17.59	20.26	26.26	32.39	37.94	40.02	9.46	203.2
	基础油	8.6	8.0	7.5	6.9	6.4	6.0	5.6	1.3	50.3
	增产油	10.4	9.3	12.4	18.9	25.4	31.4	33.8	8.0	149.6

表 9-4　方案 4 总产量、基础油和增产油预测表

油田	产量（万桶）	年份								合计（万桶）
		2010	2011	2012	2013	2014	2015	2016	2017	
Y油田	总产量	64.6	67.2	75.3	83.7	92.4	102.0	104.1	25.2	614.4
	基础油	41.2	39.8	38.5	37.1	35.8	34.5	33.4	8.0	268.3
	增产油	17.4	21.2	29.8	38.9	48.1	58.1	61.0	14.9	289.4
C油田	总产量	19.30	19.34	27.13	35.42	40.88	43.21	44.22	10.96	240.5
	基础油	8.6	8.0	7.5	6.9	6.4	6.0	5.6	1.3	50.3
	增产油	10.4	11.1	19.2	27.9	33.8	36.5	37.9	9.5	186.3

七、投资估算

方案 1 无任何工作量，故不产生资本性支出。方案 2、方案 3 和方案 4 的工作量和投资估算见表 9-5。

表 9-5　总投资估算结果表

项　目		方案 2	方案 3	方案 4
钻井工作量（口）	Y 油田	15	24	34
	C 油田	8	14	14
钻井总投资（万美元）		2037	3340	4335

续表

项目		方案 2	方案 3	方案 4
地面投资（万美元）	Y 油田	392.78	806.44	1103.40
	C 油田	395.63	612.89	950.65
地面总投资（万美元）		788.41	1419.33	2054.05
项目总投资（万美元）		2825.41	4759.33	6389.05
合同者 40% 权益总投资（万美元）		1130.16	1903.73	2555.62

八、估值结果

根据此项目合同模式和收购性质，本次估值分别计算 4 个不同方案在不同油价以及不同折现率下的油田价值和收购项目价值。具体经济评价结果见表 9-6。

表 9-6 4 个方案油田价值和收购项目价值表

不同贴现率下的确财务净现值（万美元）		长期油价 70 美元 / 桶			
		贴现率 8%	贴现率 10%	贴现率 12%	贴现率 15%
方案 1	油田价值	1253.22	1200.59	1151.76	1084.84
	收购价值	501.29	480.23	460.70	433.94
方案 2	油田价值	3157.98	2904.89	2679.67	2386.33
	收购价值	1263.19	1161.96	1071.87	954.53
方案 3	油田价值	3394.06	3106.35	2852.14	2523.82
	收购价值	1357.63	1242.54	1140.86	1009.53
方案 4	油田价值	3827.41	3458.57	3134.28	2718.11
	收购价值	1530.96	1383.43	1253.71	1087.24
不同贴现率下的确财务净现值（万美元）		长期油价 80 美元 / 桶			
		贴现率 8%	贴现率 10%	贴现率 12%	贴现率 15%
方案 1	油田价值	1385.77	1320.98	1261.36	1180.40
	收购价值	554.31	528.39	504.54	472.16
方案 2	油田价值	3685.94	3383.89	3115.20	2765.41
	收购价值	1474.38	1353.55	1246.08	1106.17

续表

不同贴现率下的确财务净现值（万美元）		长期油价 80 美元 / 桶			
		贴现率 8%	贴现率 10%	贴现率 12%	贴现率 15%
方案 3	油田价值	4206.29	3838.26	3513.25	3093.78
	收购价值	1682.52	1535.30	1405.30	1237.51
方案 4	油田价值	4564.74	4130.22	3747.43	3254.97
	收购价值	1825.90	1652.09	1498.97	1301.99

注：方案 1、方案 2、方案 3 和方案 4 在确定油田价值和收购价值时，均贴现到 2010 年。

假设收购价格区间为 1150 万美元到 1250 万美元，方案 2、方案 3、方案 4 的内部收益率和投资回收期见表 9-7。

表 9-7　方案 2 至方案 4 不同收购价格下的内部收益率和投资回收期

长期油价 70 美元 / 桶						
收购价格（万美元）	方案 2		方案 3		方案 4	
	内部收益率（%）	投资回收期（年）	内部收益率（%）	投资回收期（年）	内部收益率（%）	投资回收期（年）
1150	10.3	5.2	11.8	5.8	13.8	5.6
1175	9.7	5.3	11.3	5.8	13.3	5.7
1200	9.2	5.4	10.8	5.9	12.9	5.7
1225	8.7	5.4	10.3	6.0	12.5	5.8
1250	8.2	5.5	9.9	6.0	12.1	5.8
长期油价 80 美元 / 桶						
收购价格（万美元）	方案 2		方案 3		方案 4	
	内部收益率（%）	投资回收期（年）	内部收益率（%）	投资回收期（年）	内部收益率（%）	投资回收期（年）
1150	14.00	4.9	16.80	5.1	17.75	5.0
1175	13.46	4.9	16.27	5.2	17.27	5.1
1200	12.93	5.0	15.75	5.2	16.80	5.1
1225	12.42	5.0	15.25	5.3	16.34	5.2
1250	11.92	5.1	14.76	5.3	15.89	5.2

九、敏感性分析

敏感性分析是通过分析、预测项目主要不确定因素的变化对经济评价指标的影响，找出敏感因素，分析经济评价指标对这些因素的敏感程度。

影响项目效益指标的主要不确定因素有原油价格、产量、投资和操作费，针对以上主要不确定因素做财务净现值分析。各因素在 ±20% 范围变化时，对收购项目价值的影响程度见表 9–8。

表 9–8　收购项目价值敏感性分析表　　　（单位：万美元）

项目	−20%	−10%	0%	10%	20%
产量（万桶）	406.50	686.32	1353.55	1889.73	2298.41
价格（美元 / 桶）	764.07	1061.33	1353.55	1645.51	1866.70
操作费（万美元）	1533.00	1443.28	1353.55	1263.83	1173.40
投资（万美元）	1501.33	1427.44	1353.55	1279.67	1205.78

通过评价期的方案 2 在油价为 80 美元 / 桶情况下进行收购项目价值（I=10%）敏感性分析，结果表明：产量是最为敏感的因素，其次是油价。投资和操作费用对经济结果影响最低。

十、风险分析

（1）油价风险：本项目原油价格与布伦特原油价格接轨，而在长时期内油价的变化趋势也是难以把握的，因此直接关系本项目经济效益。

（2）产量风险：根据敏感性分析，产量是最敏感的因素。产量特别是增产油的提高对项目经济效益具有非常重要的意义。

（3）投资和成本风险：目前的投资估算和操作成本估算参考的是 2007—2009 年相关资料，如果本项目得以成功运作，则具体的投资和成本影响项目经济效益。特别是合同期末的废弃费用也是影响本项目经济效益的原因之一，因此，可进一步收集废弃费用相关资料。

（4）税收风险：依据目前调研情况，对于合同者来说，只交纳所得税，可进一步开展法律尽职调查，确认本项目是否还需要交纳其他税种。

（5）环保因素风险分析：目前合同目标区共有井数为 8235 口，很多井已经报废停井，无利用价值，但是可能对环境造成一定的破坏影响；随着环保要求的提高，在合同期末，资源国可能会要求对废弃老井进行地面植被等的恢复，这会产生较大的费用和投资。

十一、结论

（1）从估值结果来看，方案 1 在油价为 70 美元 / 桶情况下，收购项目价值 460.70 万美元（贴现率为 12%）；在油价为 80 美元 / 桶情况下，收购项目价值 504.54 万美元（贴现率为 12%）。

（2）在油价 80 美元 / 桶、折现率为 10% 的情况下，方案 2 收购项目价值为 1353.55 万美元，方案 3 收购项目价值为 1535.30 万美元。推荐长期油价 80 美元 / 桶下的方案 2 作为收购参考。

（3）根据敏感性表明，产量对本项目经济效益影响最大，其次是油价。因此，在项目实施过程中，同时充分认识地质、油藏特征，挖掘潜力，提高产量。

第十章 工程技术服务企业海外油气增产项目经济评价关键技术与实践

第一节 工程技术服务企业海外油气增产项目经济评价关键技术

一、概述

2010年以来，南美一些产油国各项基础建设、民生工程陆续上马，国家整体财政情况入不敷出。一方面，为了提高财政收入，需要加大石油开发的力度；另一方面，因为财政支出的加大，国家财政捉襟见肘。

在这种情况下，为了进一步提高老油田的潜力，南美一些产油国石油公司于2011年开始启动了和斯伦贝谢、哈里伯顿、贝克休斯以及威德福等国家四大油服公司关于带资老油田增产服务项目的谈判，并最终和斯伦贝谢公司联合体以及TECPETROL联合体完成了合同签订。2012年，这两家联合体分别开始了各自合同区块及油田的增产服务，成功地将S油田产量从4.5万桶/天和L油田的1.8万桶/天提高到了2013年年底的8万桶/天和3万桶/天，资源国石油公司作为项目业主成了最大赢家，这也极大地刺激了国家石油公司进一步扩大老油田增产项目在其全部运作的油田中的比例的积极性。而作为石油服务公司的斯伦贝谢等公司也通过项目的执行获利颇丰，斯伦贝谢公司更是借此机会将其与当地的其他几大油服公司的竞争形势由原来的势均力敌变为了2013年年底的遥遥领先。该增产模式的实施，不仅解决了资源国政府油气勘探开发财政投资问题，国家石油公司也成功探索推行了“油田增产服务”市场模式，大大调动了油服公司的积极性。

“油田增产服务”合同模式对南美资源国政府有3个好处：一是减少政府在油田勘探开发的投资，缓解财政，加大国内基础设施建设，发展经济；二是通过让渡部分利益，将部分开发风险转移到技术服务企业；三是可以促进工程技术服务企业提速提效提质，降低开发成本。

受“油田增产服务”合同模式利好影响，国内工程技术服务公司、民营公司都踊跃参与到南美老油田增产服务竞争中，在保证自身工作量的情况下发展壮大，同时也进一步占领南美油气工程技术服务市场。

南美资源国石油公司推出的油田增产服务项目是由承包商负责垫资，并提供技术装备队伍，按照资源国批准的开发方案和作业计划，提供钻修井、复产、换层、地面工程建设等一系列工程技术总包服务，根据增产产量以及合同约定的单桶服务费获得工程技术服务收入。

增产服务合同期一般为10年，双方同意的情况下，可顺延5年。南美资源国财政部、国家石油公司、中央银行三方签订原油销售收入分配方案作为付款来源保证，国家石油公司和中央银行签订付款优先顺序作为支付乙方收入的优先保证。

国家石油公司付款来源为原油出口销售收入扣除矿产资源税、各项规费、操作费、管输费之后的余额，用于支付增产服务项目合同款。

另外，工程技术服务企业对国家石油公司的担保是每年向国家石油公司提交年度服务工作量价值5%额度的履约保函。

二、主要特征

（1）合同实施的地域性及针对性：工程技术服务企业海外油气增产项目是根据南美资源国政府在特定的历史背景出台的针对老油田增产的合作项目，同时应用的区域也仅仅在南美，体现其地域性和针对性的特征。

（2）合同模式的独特性：相比针对油公司合同模式，例如租让制、产品分成以及服务合同，工程技术服务企业海外油气增产服务合同在收入分配流程、现金流计算与上述3种合同模式都不一样，是南美资源国政府专门针对工程技术服务企业的合同模式。

（3）油气研究的技术性：工程技术服务企业海外油气增产项目与以往的“日费制”承包项目本质上是不一样的。这类项目涉及物探、测井、地质、开发、工程、经济等多个领域的专业知识，在油气研究过程中需要运用专业的技术和方法，以达到提高老油田产量、取得良好经济回报的目的。

（4）油气运作的风险性：工程技术服务企业海外油气增产项目面临一定的风险，包括政策风险、市场风险、地质风险、回款风险、环保风险、社区关系风险等。这些风险性可能影响油田的储量、产量、投资、效益等方面。因此，油气运作过程中需要充分考虑各种风险因素，并进行实时风险分析。

三、经济评价关键技术

1. 经济评价方法

依据增产服务合同模式及相应财税条款，采用折现现金流法。

2. 增产服务合同单桶服务费计算方法

依不同增产服务合同条款，如果国际原油价格WTI（西得克萨斯中间基原油）等于或低于某个价格，服务价格为投标中最低服务报价（保底价）；国际原油价格WTI高于或等于某个价格时，服务报价为投标中最高服务报价（封顶价）；原油价格介于两者之间时，将采取正比线型公式进行服务报价计算，见图10-1。

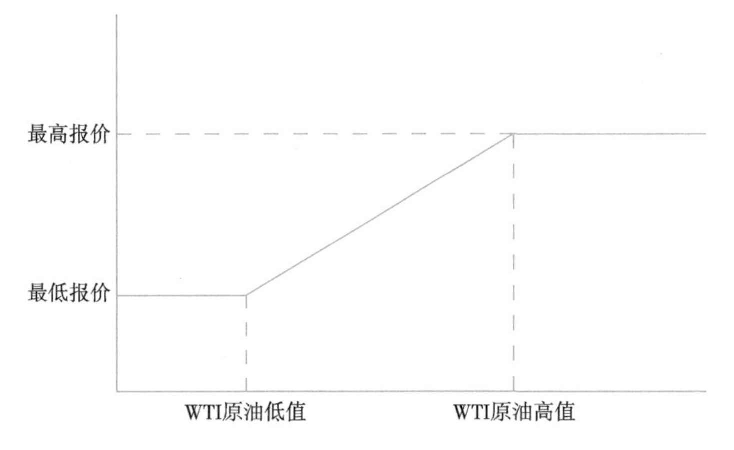

图 10-1　油田增产服务单桶原油服务费说明图

3. 增产服务合同收入分配流程

增产服务合同收入分配流程见图 10-2。

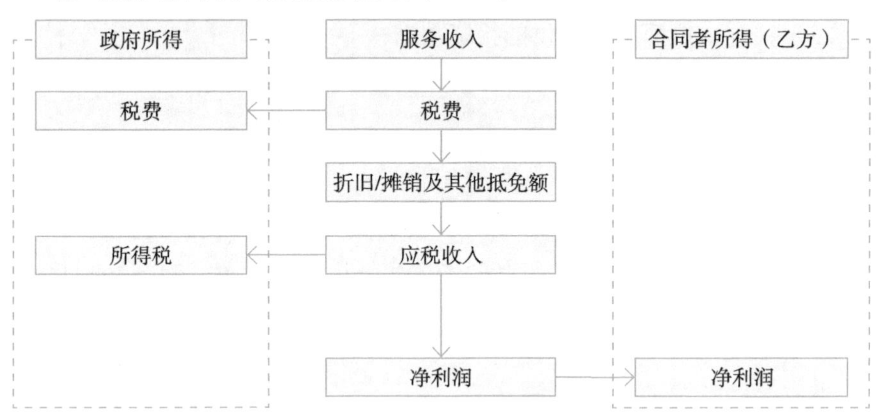

图 10-2　收入分配流程图

4. 工程技术服务企业现金流的计算

工程技术服务企业现金流入：服务收入。

工程技术服务企业现金流出：包括开发投资、管理费、资金出境税、总监会规费、员工分红、所得税。

服务收入根据增产产量乘以单桶原油服务费计算。

第二节　工程技术服务企业海外油气增产项目经济评价实践

一、评价范围

本次针对南美某油田增产服务项目投标进行经济评价。

二、评价依据

（1）某石油公司（合同者）与某国政府签订的增产服务合同；
（2）油藏工程提供的产量剖面；
（3）钻井、地面工程提供的投资数据；
（4）油价、税费等其他经济评价参数；

三、经济评价方法

本次评价采用现金流折现法，其目的是为合同者垫资提供决策参考。为了达到这一目的，要计算的财务指标包括内部收益率、财务净现值、投资回收期。

四、合同模式及财税条款

某油田合同类型为增产服务合同，根据合同规定，合同期为10年，双方同意的情况下，可顺延5年。其中工程服务主要集中在前3年。

（1）国家石油公司责任：拥有油田全部所有权和作业权；审核工程技术服务企业提交的年度主体服务计划；负责产量计量、原油运输、油田运营；负责环境许可、钻井许可办理等；

（2）工程技术服务企业责任：负责主体服务年度计划的制订，并提请审核；负责使用资金、技术、设备等完成主体服务；负责按国家石油公司需求提供可能的额外服务，工程技术服务企业有优先权也有拒绝权。

（3）项目的计划、实施和验交：工程技术服务企业每年 5 月 10 日向联合管理委员会提交年度作业计划，经联合管理委员会批准后，按此执行下一年度的工作量。

工程技术服务企业每完成单项工程技术服务（如钻井、换层、复产等）后，及时向国家石油公司提请工作量签认和移交程序，经国家石油公司验收、接管后，表示完成该项服务的确认和验交。

乙方工程服务总包内容主要包括：井场及道路建设、钻完井、老井修井、换层、单井管线及集输系统等。

（4）项目付款来源、原油实现价格和商品率：原油商品率 100%，实现价格为 WTI 减去贴水 9 美元 / 桶，假设 WTI 等于 35 美元 / 桶，实现价格为 26 美元 / 桶；假设 WTI 等于 65 美元 / 桶，实现价格为 56 美元 / 桶；在 WTI 等于 35 美元 / 桶的情况下，约 15 美元 / 桶的原油销售收入用于支付增产服务项目合同款；在 WTI 等于 65 美元 / 桶的情况下，约 33 美元 / 桶的原油销售收入用于支付增产服务项目合同款。

工作量服务收入 = 增产产量 × 合同规定的单桶服务费。

发票程序：双方每月 5 日对核算月度的产量汇总、签认，自签发产油报告起的 10 天内，工程技术服务企业向国家石油公司预开发票，国家石油公司 10 日内审核预发票；无误后工程技术服务企业开具正式发票，国家石油公司 10 日内对正式发票审核，通过后 30 日内向工程技术服务企业付款。即针对主体服务，单井计量，每月结算，自产量确认后大约 2 个月的周期，工程技术服务企业即可获得滚动回款。

（5）项目执行模式：国家石油公司和工程技术服务企业各派 3 名管理人员、2 名技术人员联合组建“合同执行委员会”和“技术委员会”，统称“联合管理委员会”，负责作业计划审批、作业执行及进度督导、总体协调等。联合管理委员会人员费用由派出方各自承担，不额外产生任何费用。

五、经济评价基本参数

（1）单桶服务费报价：根据目前谈判单桶服务费报价计算经济效益。

（2）折旧方法：根据本项目实际情况，按照产量折旧法计算，折旧率＝当年产量/剩余可采储量，折旧额＝（年初净资产＋当年投资）×折旧率。

（3）税费：

①所得税：按照员工分红后税前利润计算，2013 年及以后年份为 22%。企业上年度亏损可以在以后 5 年以当年营业利润的 20% 在税前抵扣。

②员工分红（利润分成）：按照扣除管理费、折旧、总监会规费等的利润 15% 计算。

③资金出境税：对于所有从资源国向境外支付的款项，需交纳 5% 资金出境税（2011 年 11 月 24 日税率由 2% 调整为 5%），税基为税后利润。

④总监会规费：按照项目年末资产总额（年末净资产）的不同税率征收（表 10-1）。

表 10-1　资源国总监会规费计算表

项目年末资产总额（年末净资产）（百万美元）	税率（‰）
0 ～ 0.0235	0
0.0235 ～ 0.10	0.71
0.10 ～ 1.00	0.76
1.00 ～ 20.00	0.82
20.00 ～ 500.00	0.87
> 500.00	0.93

（4）WTI 油价。WTI 油价随着国际原油供需变化而变化。综合国际石油公司及各大投资机构对未来国际原油市场的分析，整体看国际油价呈现逐步上升趋势。本次采用长期油价 60 美元/桶进行项目评价。

（5）基准收益率：取 10%。

（6）资金筹措：本项目根据实际情况，工程技术服务企业拟用 100% 自有资金进行投资。

六、工作量、产量预测和投资估算

根据油藏工程方案，某油田合同期内新钻井 25 口、老井换层措施作业 9 口`13 井次、老井复产 9 井 14 井次，合同期内（2015—2024 年）预测累计产油 26.224 百万桶，详见表 10-2。某油田分年度投资见表 10-3。

表 10-2　某油田产量预测结果表

年度	新钻井		老井换层		老井复产		小计			
	井数（口）	产油量（千桶）	井数（口）	产油量（千桶）	井数（口）	产油量（千桶）	井数（口）	年产油量（千桶）	年产液量（千桶）	年均含水（%）
2015	8	633	6	367	8	355	22	1355	1700	20.3
2016	10	1831	3	790	6	812	19	3433	4857	29.3
2017	7	2938	4	692		612	11	4242	6497	34.7
2018		2644		529		491		3664	6220	41.1
2019		2113		454		372		2940	5365	45.2
2020		1707		439		352		2498	4701	46.9
2021		1426		381		264		2072	4030	48.6
2022		1398		297		190		1886	3769	50.0
2023		1446		277		218		1941	3744	48.1
2024		1706		250		237		2193	4028	45.6
合计	25	17843	13	4477	14	3904	52	26224	44911	

表 10-3　某油田分年度投资估算　　　（单位：百万美元）

项目	合计	2015 年	2016 年	2017 年
直井	8.00	0.00	8.00	0.00
斜井	108.10	42.30	37.60	28.20

续表

项目	合计	2015 年	2016 年	2017 年
动迁	0.70	0.35	0.00	0.35
推移井架	0.72	0.23	0.27	0.23
井间搬家	1.75	1.05	0.35	0.35
换层	10.40	4.80	2.40	3.20
复产	11.20	6.40	4.80	0.00
地面	29.04	14.18	14.86	
合计	169.91	69.31	68.28	32.33

七、评估结果

工程技术服务企业在前期评价分析基础上，已向国家石油公司提交了某油田增产服务项目投标价格。本次经济评价是在目前谈判报价的基础上计算的经济评价结果。投标报价和经济评价结果分别见表 10-4、表 10-5。

表 10-4　某油田增产项目投标报价表

投标报价（低）（美元 / 桶）	10.6	报价区间 8 ～ 13
投标报价（高）（美元 / 桶）	18.3	报价区间 16 ～ 22

表 10-5　某油田经济评价结果

	经济指标	数值
按照长期油价 60 美元 / 桶进行取值	服务收入（百万美元）	369.23
	税后利润（百万美元）	106.89
	财务内部收益率（%）	15.47
	财务净现值（I=10%）（百万美元）	31.84
	累计净现金流量（百万美元）	120.06
	累计最大负现金流量（百万美元）	-94.12
	投资回收期（年）	5.58

八、风险分析及应对措施

（1）产量风险。依据增产服务合同，增产产量对收入的影响最为明显，其次是最高单桶服务费和 WTI 价格，最不敏感因素为最低单桶服务费。合同期累计增产产量的大小，直接关系到项目的收入与效益。

应对措施：加深油田开发研究，优化布井方案，增强项目动态管理，努力实现增产产量最大化，是控制该风险的主要手段。

（2）回款风险。该类项目存在一定的回款风险。

应对措施：工程技术服务企业与资源国财政部、中央银行和国家石油公司共同签订原油销售收入分配方案，作为付款来源保证并规定付款优先顺序。同时，资源国政府进一步强化预算管理，加强对油气支柱产业支持，原油销售收入直接进入国家石油公司的专款账户。另外，在项目总体开发方案基本不变的情况下，可以先以复产、换层这些投入小、见效快的服务进行，先期实施部分新井，根据项目具体实施效果及国家石油公司回款情况决定项目下一步开发方案，滚动开展。

第十一章
海外油气经济评价 Excel 建模关键技术与实践

第一节　海外油气经济评价 Excel 建模关键技术

一、概述

海外油气 Excel 建模是一种利用 Microsoft Excel 软件来创建、分析和优化海外油气田勘探开发项目经济评估、资源预测和生产规划等复杂任务的方法。

1.Excel 建模背景与目的

（1）在海外油气勘探开发项目中，准确预测和分析油气藏的未来经济性至关重要。Excel 建模提供了一种灵活的方法来支持这些预测和分析。

（2）建模的主要目的是通过整合各种数据和信息，来评估油气田的储量、产量、成本等关键指标，为决策提供支持。

2.Excel 建模的优势

（1）Excel 作为全球广泛使用的电子表格软件，具有强大的数据处理、图形表示和数据分析能力。

（2）Excel 建模可以灵活调整模型参数，快速生成多种情景的预测结果，便于对比分析。

（3）Excel 建模成本相对较低，无需购买昂贵的专业软件，降低了项目成本。

3.Excel 建模过程

（1）根据分析目的和内容，选择合适的分析方法，确定相关分析指标和主要运算关系式。

（2）按照规划的模型结构，在 Excel 中建立模型，包括数据输入、计算逻辑、结果输出等部分。

（3）使用不同的测试数据验证模型的正确性，确保模型能够准确反映油气田的实际情况。

（4）对模型进行全面评估，提出改善建议，确保模型符合功能目标要求并实现最优化。

4.Excel 建模注意事项

（1）在进行 Excel 建模时，需要认真梳理计算流程，理解数据的来源和计算方法，设计符合业务需求的电子表格模板。

（2）注意数据的准确性和完整性，确保模型输入的数据是可靠和有效的。

（3）在模型构建过程中，注意模型结构的合理性和计算逻辑的正确性，避免出现逻辑错误或计算错误。

二、主要特征

（1）广泛适用性：Excel 模型在海外油气项目中得到了广泛应用，涵盖了从勘探到开发投资决策、经济评价、后评价、减值测试、储量评估、滚动规划等各个环节；Excel 模型来源广泛，包括自建模型、咨询机构提供模型、投行提供模型等，体现了其广泛的适用性和灵活性。

（2）数据处理能力强大性：Excel 作为一款全球广泛使用的电子表格软件，其数据处理能力十分强大。在海外油气项目中，Excel 建模能够轻松处理大量的勘探、开发、生产、经济、财务等数据，包括数据输入、整理、分析和计算等，为项目决策提供准确的数据支持。

（3）灵活性和可扩展性：Excel 建模具有很高的灵活性和可扩展性。通过调整公式、函数和宏等，可以轻松适应不同的海外油气项目需求。同时，Excel 还支持与其他软件和数据库进行数据交换和集成，便于实现信息的共享和协同工作。

（4）可视化展示性：Excel 具有丰富的图表和图形表示功能，可以将复杂的油气数据以直观、易懂的方式展现出来。这对于项目决策者来说，有助于更好地理解项目状况，制定有效的决策方案。

（5）标准和规范性：为了提升经济评价工作效率和工作质量，海外油气项目通常会建立标准化的 Excel 模型。这些模型以合同模式和财税条款为基础，以经济评价模型为核心，通过建模培训等手段，实现评价工作的规范化和标准化。

三、Excel 建模关键技术

1. Excel 建模思路

1）设计模型封面

模型封面一般包括以下信息：

（1）项目名称、合同者信息、合同模式、模型编制者信息（编制者单位及联系方式），以及模型编制日期。

（2）简要说明经济评价模型的目的，列举模型包含的主要分析内容，简要描述模型采用的分析方法。

（3）模型使用的注意事项：提醒使用者在模型使用过程中注意数据的更新和准确性；如果模型涉及敏感信息或商业机密，应在此处注明保密要求。

在模型封面设计中，可以考虑使用简洁明了的字体和配色方案，以确保封面的整体美观性和易读性。同时，可以添加适当的图片或图标来增强封面的视觉效果。

2）基本参数模块

基本参数模块一般包括以下信息：

（1）石油合同财税条款的参数：合同者及其股权比例、税种及税率、成本回收和利润分成、*R* 因子、报酬费、签字费、生产定金、地租、培训费、最低义务工作量等。

（2）投资方面的参数：单井钻井投资、单井采油采气投资、修井投资、地面投资等。

（3）成本费用方面的参数：固定操作成本、可变操作成本、操作成本上涨率、上级管理费、行政管理费、弃置费、销售费、财务费、管输费、流动资金等。

（4）油价参数：基准油价、气价、升贴水、原油品质价差等。

（5）其他参数：吨桶比、立方米与立方英尺的换算关系、基准收益率、伦敦银行同业拆借利率、折旧年限、商品率等。

3）产量、工作量模块

产量、工作量模块一般包括以下信息：

（1）分年度产量剖面：根据油气藏工程提供的不同产品，在合同期或者评价期内输入分年度产量。

（2）分年度工作量：根据油气藏工程提供的不同类别的投资，在合同期或者评价期内输入分年度工作量，主要包括勘探投资、开发投资。勘探投资一般分为二维地震采集、处理及解释，三维地震采集、处理及解释，探井、勘探评价井等。开发投资一般分为开发井投资、采油气投资、地面投资等。

4）投资、折旧、费用模块

投资、折旧、费用模块一般包括以下信息：

（1）分年度投资：根据分年度工作量及投资参数计算分年度投资。

（2）分年度成本费用：根据财税条款、实际发生成本费用规律、行业经验测算分年度费用。

（3）折旧或摊销：根据财税条款及会计程序测算折旧或摊销。

5）产品分成、报酬费模块

产品分成、报酬费模块一般包括以下信息：

（1）产品分成：针对产品分成合同，计算分年度成本回收、利润分成等。

（2）报酬费：针对技术服务合同，计算分年度成本回收、报酬费等。

6）报表编制模块

报表编制模块一般包括以下信息：

（1）利润表：根据合同模式和财税条款编制不同方案的利润表。

（2）现金流量表：根据合同模式和财税条款编制不同方案的现金流量表，一般按照不同角度，可分为项目现金流、资源国现金流、合同者现金流和中方现金流。

（3）增量现金流量表：在某些项目中，需要考虑计算增量现金流，故也要编制增量现金流量表。

7）经济评价结果模块

经济评价结果模块一般包括以下信息：

（1）不同方案、不同角度的经济评价指标：经济评价指标一般包括财务内部收益率、财务净现值、投资回收期、累计现金流、累计最大负现金流等。

（2）收入分配图、现金流量表：根据相关数据生成收入分配图、现金流量表。

8）敏感性分析模块

敏感性分析模块一般包括以下信息：

（1）敏感性分析表：根据产量、投资、操作成本、油价，在不同幅度的变化下，计算财务内部收益率或者财务净现值的敏感性。

（2）敏感性分析图：根据敏感性分析表中的数据生成敏感性分析图。

2. Excel 建模中常用的函数

1）SUM 函数

SUM 函数返回某一单元格区域中数字、逻辑值及数字的文本表达式之和。如果参数中有错误值或为不能转换成数字的文本，将会导致错误。

SUM 函数是一个数学函数，可将值相加。它可以将单个值、单元格引用或是区域相加，或者将三者的组合相加。

（1）语法：SUM（number1，[number2]，…）。

number1 为必需参数，是要相加的第一个数字。该数字可以是数字，或 Excel 中 A1 之类的单元格引用，或 A2 ： A8 之类的单元格范围。

number2 为可选参数，是要相加的第二个数字。

（2）说明：

①逻辑值及数字的文本表达式将被计算；

②如果参数为数组或引用，只有其中的数字将被计算。数组或引用中的空白单元格、逻辑值、文本将被忽略；

③如果参数中有错误值或为不能转换成数字的文本，将会导致错误。

2）SUMPRODUCT 函数

SUMPRODUCT 函数是在给定的几组数组中，将数组间对应的元素相乘，并返回乘积之和。

（1）语法：SUMPRODUCT（array1，[array2]，[array3]，…）。

array1 必需，其相应元素需要进行相乘并求和的第一个数组参数。

array2，array3，…可选，2 ～ 255 个数组参数，其相应元素需要进行相乘并求和。

（2）说明：

①数组参数必须具有相同的维数，否则，函数 SUMPRODUCT 将返回错误值 #VALUE!。

②函数 SUMPRODUCT 将非数值型的数组元素作为 0 处理。

3）ROUND 函数

ROUND 函数将数字四舍五入到给定的位数。当末位有效数字为 5 或大于 5 时，ROUND 向上舍入；当末位有效数字小于 5 时，则向下舍入。

（1）语法：ROUND（number，num_digits）有两个非缺省的参数。

number 表示要进行四舍五入的数字。

num_digits 表示要进行四舍五入运算的位数。

（2）说明：

①如果 num_digits 大于 0，则将数字四舍五入到指定的小数位数。

②如果 num_digits 等于 0，则将数字四舍五入到最接近的整数。

③如果 num_digits 小于 0，则将数字四舍五入到小数点左边的相应位数。

4）IF 函数

IF 函数一般是指程序设计或 Excel 等软件中的条件函数，根据指定的条件来判断其“真”（TRUE）、“假”（FALSE），根据逻辑计算的真假值，从而返回相应的内容。可以使用函数 IF 对数值和公式进行条件检测。

IF 函数是条件判断函数：如果指定条件的计算结果为 TRUE，IF 函数将返回某个值；如果该条件的计算结果为 FALSE，则返回另一个值。

（1）语法：IF（logical_test,value_if_true,value_if_false）。

logical_test 表示计算结果为 TRUE 或 FALSE 的任意值或表达式。

value_if_true 表示 logical_test 为 TRUE 时返回的值。

value_if_false 表示 logical_test 为 FALSE 时返回的值。

（2）说明：

①在计算参数 value_if_true 和 value_if_false 后，IF 函数返回相应语句执行后的返回值。

②如果 IF 函数的参数包含数组（用于建立可生成多个结果或可对在行和列中排列的一组参数进行运算的单个公式。数组区域共用一个公式；数组常量是用作参数的一组常量），则在执行 IF 函数时，数组中的每一个元素都将计算。

5）VLOOKUP 函数

VLOOKUP 函数是 Excel 中的一个纵向查找函数，它与 LOOKUP 函数和 HLOOKUP 函数属于一类函数，在工作中都有广泛应用，例如可以用来核对数据、多个表格之间快速导入数据等函数功能。它的功能是按列查找，最终返回该列所需查询序列所对应的值；与之对应的 HLOOKUP 是按行查找的。

（1）语法：VLOOKUP（lookup_value,table_array,col_index_num,[range_lookup]）。

lookup_value 表示要查找的值。

table_array 表示要查找的区域。

col_index_num 表示返回数据在查找区域的第几列数。

range_lookup 表示精确匹配 / 近似匹配。

（2）说明：

① lookup_value 为需要在数据表第一列中进行查找的值。lookup_value 可以为数值、引用或文本字符串。当 VLOOKUP 函数第一参数省略查找值时，表示用 0 查找。

② table_array 为需要在其中查找数据的数据表。使用对区域或区域名称的引用。

③ col_index_num 为 table_array 中查找数据的数据列序号。col_index_num 为 1 时，返回 table_array 第一列的值；col_index_num 为 2 时，返回 table_array 第二列的值，以此类推。如果 col_index_num 小于 1，函数 VLOOKUP 返回错误值 #VALUE!；如果 col_index_num 大于 table_array 的列数，VLOOKUP 函数返回错误值 #REF!。

④ range_lookup 为一逻辑值，指明 VLOOKUP 函数查找时是精确匹配，还是近似匹配。如果为 FALSE 或 0，则返回精确匹配；如果找不到，则返回错误值 #N/A。如果 range_lookup 为 TRUE 或 1，函数 VLOOKUP 将查找近似匹配值，也就是说，如果找不到精确匹配值，则返回小于 lookup_value 的最大数值。应注意，VLOOKUP 函数在进行近似匹配时的查找规则是从第一个数据开始匹配，没有匹配到一样的值就继续与下一个值进行匹配，直到遇到大于查找值的值，此时返回上一个数据（近似匹配时应对查找值所在列进行升序排列）。如果 range_lookup 省略，则默认为 1。

6）AVERAGE 函数

AVERAGE 函数是 Excel 表格中的计算平均值函数，在数据库中 average 使用简写 avg。AVERAGE 返回参数的平均值（也叫算术平均值）。

（1）语法：AVERAGE（number，number2，）。

其中 number1 为必需的，后续值是可选的，是需要计算平均值的 1 ～ 255 个数值参数。

（2）说明：

number，number2 为要计算平均值的 1 ～ 30 个参数。这些参数可以是数字，或者是涉及数字的名称、数组或引用。如果数组或单元格引用参数中有文字、逻辑值或空单元格，则忽略其值。但是，如果单元格包含零值，则计算在内。

7）IRR 函数

IRR 函数返回由数值代表的一组现金流的内部收益率。这些现金流不必为均衡的，但作为年金，它们必须按固定的间隔产生，如按月或按年。

（1）语法：IRR（values，guess）。

values 为数组或单元格的引用，包含用来计算返回的内部收益率的数字。

guess 为对函数 IRR 计算结果的估计值。

（2）说明：

values 必须包含至少一个正值和一个负值，以计算返回的内部收益率。

IRR 函数根据数值的顺序来解释现金流的顺序，故应确定按需要的顺序输入支付和收入的数值。

如果数组或引用包含文本、逻辑值或空白单元格，这些数值将被忽略。

在大多数情况下，并不需要为 IRR 函数的计算提供 guess 值。如果省略 guess，假设它为 0.1（10%）。

8）NPV 函数

通过使用贴现率以及一系列未来支出（负值）和收入（正值），返回一项投资的净现值。

（1）语法：NPV（rate，value1，value2，…）。

rate 是某一期间的贴现率。

value1，value2，…代表支出和收益的 1～29 个参数。value1，value2，…在时间上必须是等间隔的并且都发生在期末。NPV 使用 value1，value2，…的顺序来说明现金流的顺序。一定要按正确的顺序输入支出值和收益值。数字、空值、逻辑值或数字的文本表示等形式的参数均为有效参数；错误值或无法转换为数字的文本等形式的参数将被忽略。

（2）说明

NPV 函数假定投资开始于 value1 现金流所在日期的前一期，并结束于最后一笔现金流的当期。NPV 函数依据未来的现金流来进行计算。如果第一笔现金流发生在第一个周期的期初，则第一笔现金必须添加到 NPV 函数的结果中，而不应包含在 values 参数中。

9）MAX 函数

MAX 函数用于求向量或者矩阵的最大元素，或几个指定值中的最大值。

（1）语法：MAX（number1，[number2]，…）。

number1 是必需的，后续数字是可选的，表示要从中查找最大值的 1～255 个数字。

（2）说明：

参数可以是数字或者是包含数字的名称、数组或引用。

逻辑值和直接键入到参数列表中代表数字的文本被计算在内。

如果参数是一个数组或引用，则只使用其中的数字。数组或引用中的空白单元格、逻辑值或文本将被忽略。

如果参数不包含任何数字，则 MAX 函数返回 0（零）。

如果参数为错误值或为不能转换为数字的文本，将会导致错误。

10）MIN 函数

MIN 函数用于求向量或者矩阵的最小元素，或几个指定值中的最小值。

（1）语法：MIN（number1，[number2]，…）。

number1 是必需的，后续数字是可选的，表示要从中查找最大值的 1～255 个数字。

（2）说明：

参数可以是数字或者是包含数字的名称、数组或引用。

逻辑值和直接键入到参数列表中代表数字的文本被计算在内。

如果参数是一个数组或引用，则只使用其中的数字。数组或引用中的空白单元格、逻辑值或文本将被忽略。

如果参数不包含任何数字，则 MIN 函数返回 0（零）。

如果参数为错误值或为不能转换为数字的文本，将会导致错误。

第二节　海外油气经济评价 Excel 建模实践

根据 Excel 建模思路结合某项目实际情况，以产品分成合同模式为基础，建立经济评价模型。

模型封面示例如图 11-1 所示。

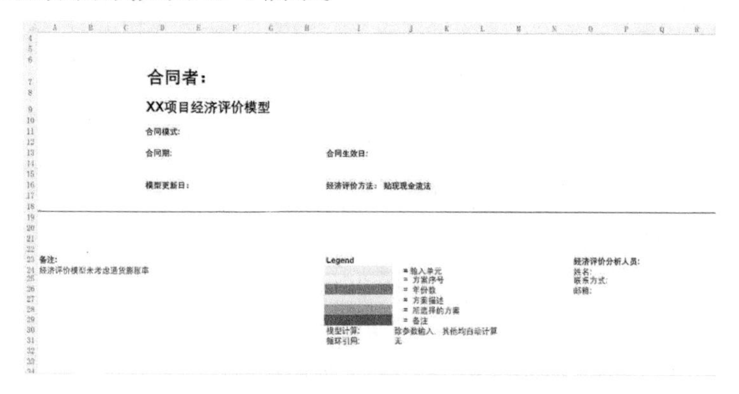

图 11-1　Excel 经济评价模型封面示例

基本参数模块示例如图 11-2 所示。

	A	B	C
1	投资参数	单位	数值
2	2D地震		
3	3D地震		
6	探井		
7	评价井		
8	开发井投资		
17	经济评价基本参数		
18	折旧率		
19	合同者权益比例		
20	中方权益比例		
21	方桶比		
22	成本油上限		
23	油田单位操作成本		
24	单位操作成本上涨率		
25	矿费税率		
26	所得税率		
27	培训费		
28	油田管理费		
29	上级管理费		
30	地租		
31	安保费		
33	吨桶关系		
34	原油定价参数		
35	布伦特原油价格		
36	布伦特与乌拉尔原油价格的差价		
37	乌拉尔原油价格		
38	运费		

图 11-2　Excel 经济评价模型基本参数模块示例

产量和投资模块示例如图 11-3 所示。

	A	B	C	D	E	F	G	H	I	J	K	L	M	N	O	P	Q	R	S	T	U
1																					
2																					
3		产量和投资（含折旧）																			
4																					
5																					
6																					
7	产量数据	合计	2012	2013	2014	2015	2016	2017	2018	2019	2020	2021	2022	2023	2024	2025	2026	2027	2028	2029	2030
8	原油产量（百万吨）																				
9	原油产量（百万桶）																				
10	工作量数据	合计	2012	2013	2014	2015	2016	2017	2018	2019	2020	2021	2022	2023	2024	2025	2026	2027	2028	2029	2030
11	勘探工作量																				
12	1. 2D地震采集																				
13	2. 3D地震采集																				
14	3. 探井																				
15	4. 评价井																				
16	开发工作量																				
17	1.直井钻井数																				
18	2.修井数																				
19	3.定向井钻井数																				
20	4.采油工作量																				
21	投资数据（百万美元）	合计	2012	2013	2014	2015	2016	2017	2018	2019	2020	2021	2022	2023	2024	2025	2026	2027	2028	2029	2030
22	勘探投资																				
23	1. 2D地震采集																				
24	2. 3D地震采集																				
25	3. 探井																				
26	4. 评价井																				
27	开发投资																				
28	2.开发井钻井投资(含测井和试油)																				
29	2.0钻井动迁																				
30	2.1修井动迁																				
31	2.2直井钻井																				
32	2.3修井																				
33	2.4定向井钻井																				
34	3.采油投资																				
35	4.地面投资																				
36	5.开发技术支持投资																				
37	6.其他列入资本性支出的投资																				
38	总投资																				
39	折旧	合计	2012	2013	2014	2015	2016	2017	2018	2019	2020	2021	2022	2023	2024	2025	2026	2027	2028	2029	2030

图 11-3　Excel 经济评价模型产量和投资模块示例

成本回收和利润分成模块示例如图 11-4 所示。

	A	B	C	D	E	F	G	H	I	J	K	L	M	N	O	P	Q	R	S	T	U
1																					
2																					
3		成本回收和利润分成																			
4																					
5																					
6		合计	2012	2013	2014	2015	2016	2017	2018	2019	2020	2021	2022	2023	2024	2025	2026	2027	2028	2029	2030
7	布伦特原油价格																				
8	乌拉尔原油价格																				
9	公式价格																				
10	实际销售价格																				
11	销售量（合作产量）																				
12	矿费油																				
13	销售量-矿费油																				
14	累计（销售量-矿费油）																				
15	矿费																				
16	总成本油（上限100%）																				
17	可供回收成本																				
18	1.操作费																				
19	2.投资																				
20	3.管理费																				
21	4.培训费																				
22	5.地租																				
23	实际回收成本																				
24	本年未回收成本																				
25	剩余成本油																				
26	实际回收成本油																				
27	实际回收成本-合同者																				
28	累计成本回收油																				
29	利润油量																				
30	总利润油收入																				
31	累计收入																				
32	累计成本回收油收入																				
33	累计利润油收入																				
34	累计支出																				
35	R因子																				
36	政府利润油比例																				
37	政府利润油																				
38	政府利润油收入																				
39	合同者利润油																				
40	合同者累计利润油																				
41	合同者实际利润收入																				

图 11-4　Excel 经济评价模型成本回收和利润分成模块示例

利润表计算模块示例如图 11-5 所示。

利润表

合资公司利润表	合计	2012	2013	2014	2015	2016	2017	2018	2019	2020	2021	2022	2023	2024	2025	2026	2027	2028	2029	2030
销售收入																				
矿费																				
总成本油(上限100%)																				
应回收成本总计																				
实际回收成本																				
本年未回收成本																				
剩余成本油																				
总利润油																				
累计收入																				
累计支出																				
R因子																				
政府利润油比例																				
政府利润油																				
合同者利润油																				
成本油收入																				
利润油收入																				
应缴纳所得税收入																				
交纳所得税																				
税后利润																				

图 11-5 Excel 经济评价模型利润表计算模块示例

现金流量表计算模块示例如图 11-6 所示。

合同者及中方现金流量表

合资公司现金流量	合计	2012	2013	2014	2015	2016	2017	2018	2019	2020	2021	2022	2023	2024	2025	2026	2027	2028	2029	2030
现金流入																				
成本油收入																				
利润油收入																				
现金流出																				
开发投资																				
操作费																				
管理费																				
培训费																				
地租																				
储运费																				
交纳所得税																				
净现金流量																				
累计净现金流量																				

中方现金流量	合计	2012	2013	2014	2015	2016	2017	2018	2019	2020	2021	2022	2023	2024	2025	2026	2027	2028	2029	2030
现金流入																				
成本油收入																				
利润油收入																				
现金流出																				
开发投资																				
操作费																				
管理费																				
培训费																				
地租																				
储运费																				
交纳所得税																				
净现金流量																				
累计净现金流量																				

资源国现金流量表

资源国现金流量	合计	2012	2013	2014	2015	2016	2017	2018	2019	2020	2021	2022	2023	2024	2025	2026	2027	2028	2029	2030
矿费																				
政府利润分成																				
合同者支付的培训费																				
合同者支付的地租																				
合同者缴纳的所得税																				
净现金流量																				
累计净现金流量																				

图 11-6 Excel 经济评价模型现金流量表计算模块示例

经济评价结果计算模块示例如图 11-7 所示。

经济评价结果

序号	指标名称	单位
1	项目总投资	
2	合同者总投资	
3	中方总投资	
4	合同期总产量	
5	项目经济指标	
	财务内部收益率	
	财务净现值	
	投资回收期	
6	合同者经济指标	
	财务内部收益率	
	财务净现值	
	投资回收期	
7	中方经济指标	
	财务内部收益率	
	财务净现值	
	投资回收期	
	累计净现金流	
	最大累计负净现金流	
8	资源国经济指标	
	财务内部收益率	
	财务净现值	
	投资回收期	

图 11-7　Excel 经济评价模型经济评价结果表计算模块示例

敏感性分析计算模块示例如图 11-8 所示。

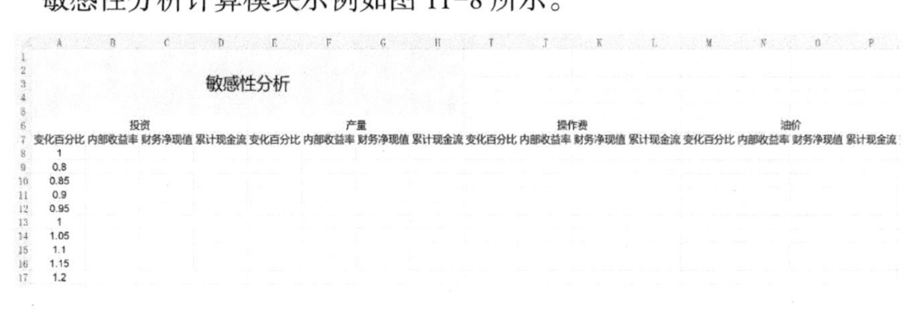

敏感性分析

投资				产量				操作费				油价			
变化百分比	内部收益率	财务净现值	累计现金流	变化百分比	内部收益率	财务净现值	累计现金流	变化百分比	内部收益率	财务净现值	累计现金流	变化百分比	内部收益率	财务净现值	累计现金流
1															
0.8															
0.85															
0.9															
0.95															
1															
1.05															
1.1															
1.15															
1.2															

图 11-8　Excel 经济评价模型敏感性分析表计算模块示例

第十二章 海外油气勘探开发经济评价实践需注意事项

第一节 经济评价实践中投资的注意事项

一、历史投资

在进行投资估算中，合同起始日到某一评价时点之前所发生的投资一般称为历史投资。已发生历史投资情况需要梳理清楚，有以下 3 个原因：

（1）新增投资的估算需要借鉴参考历史投资水平，如单井钻完井成本、地面处理厂投资规模等。

（2）全生命期效益指标的计算需要分年历史投资数据的支持。

（3）开发方案利用的探井、评价井以及地面设施等现有资产的账面净值，不包括在项目投资估算中，但应根据资源国税法及合同协议规定计提折耗，在所得税应纳税额计算或者在成本油回收中一并考虑。

二、新增投资

项目可行性研究报告或者开发方案中务必要给出新增报批总投资的数额，明确需要批复投资的额度，需要做出决策的投资数是多少，同时明确投资估算的范围及与之对应的效益分析范围。

新增投资是合同者权益对应下项目推荐方案实施全部建设内容所需的投资，通常分为钻井工程投资、采油工程投资与地面工程投资，不包括利用探井 / 评价井已发生的投资。

新增权益投资须自评价时点后一年开始计算，评价当年无法完全统计已发生投资的，以当年批复的投资计划或预算数据为准。

新增投资是否包含建设期利息与流动资金，视项目类型与实际情况而定。对于已进行大规模开发的在产油气田，当所需新增建设投资均来自项目自有滚动资金时，可不计算建设期利息。建设期利息在投产后计入油气资产原值，属于资本化利息。

如存在垫资，须计入新增报批总投资范围，并说明垫资利息及回收方式。

第二节　经济评价实践中资金筹措与融资方案的注意事项

在编制经济评价报告中，涉及资金筹措与融资方案，一般应由合同中的描述来分析。如果合同中没有具体规定，应该根据项目实际情况来进行分析。以下 3 种情况值得注意：

（1）来自项目自有滚动资金的，项目的资金来源应与项目推荐方案未来预期实现净现金流结合。

（2）来自总部或上级的，应结合项目对应投资主体未来自有资金情况确定能否满足项目未来资金需求。

（3）来自融资借款的，应结合融资方案，说明融资额度、贷款利率与还款方式。

第三节　经济评价实践中油气价格的注意事项

一般在经济评价实践过程中，评价中使用的原油价格以布伦特油价或者 WTI 油价为基准原油价格，被评价对象的产品实现价格应与布伦特油价或者 WTI 油价建立挂钩关系。各类产品价格应给出升贴水取值或与价格公式，其中油气产品应注意区分内外销情况，LNG 产品销售价格应注意区分是离岸价格还是到岸价格。

第四节　经济评价实践中成本费用的注意事项

一、操作成本

操作具体估算中应结合开采方式、评价范围等实际情况选取成本项目，可采用相关因素法，根据驱动各项操作成本变动的因素以及相应的费用标准估算；也可以采用设计成本法，根据每项成本的预测消耗量和相应的价格估算。

采用相关因素法时，与井数挂钩的操作成本按照采油气井数、总生产井数及单井成本标准估算，不考虑上涨率；与产量挂钩的操作成本按照产液量 / 产水量、注水量、产油气量与单位成本标准估算，考虑上涨率；与固定资产原值挂钩的操作成本按照油气资产原值的一定比例计取，不考虑上涨率。

因海外项目类型及项目成本分类统计的差异性较大，操作成本估算应尽可能根据实际情况区分变动和固定操作成本。固定成本按年均额度估算，可变成本按单位成本估算。如果按单位产量操作成本进行估算，可参考同类区块、项目或资产历史资料，充分考虑油气田开发中后期含水率上升、维护工作量增大、产量递减等因素对单位操作成本取值的影响。

二、管理费用

在估算管理费用的时候，应注意区分一般行政管理费和上级管理费。根据不同财税条款和项目实际情况具体分析。

一般行政管理费（General and administrative expense，G&A）是指企业行政管理部门为组织和管理生产经营活动而发生的各项费用，包括财产保险费、董事会费、中介机构费、咨询费、业务招待费、信息维护费、印花税、技术转让费、经费清欠、存货盘亏或盘盈等，即项目或资产运营的管理费用，通常按照年度固定额度或者与定员挂钩进行估算，并考虑未来年份管理费的上涨。

上级管理费（overhead cost）是指油气开发项目合同者以作业者身份计提的费用，通常按照资本性支出、操作成本或者两者之和的一定比例估算。该项费用本质上是作业者的一种特殊收入，不属于项目或资产的真正成本。

三、弃置费用

弃置费用指合同期末根据资源国政府的要求，为恢复地貌、保护环境、处理油气生产设施所发生的费用。该项费用根据合同协议在投产或者油气资产开发到一定程度或者合同期末前几年计提，计作油气资产弃置费用。

在海外油气勘探开发经济评价中，应首先根据石油合同及其会计附件的要求计算弃置费用。如无相关规定，可参照国内油气弃置费用计算方法进行估算，也可根据项目实际情况进行估算。下面介绍国内油气弃置费用计算方法步骤：

（1）确定要计提弃置费用的油气资产，可按油气资产原值的一定比例，也可按单井数量与单井弃置成本，及地面设施投资的一定比例估算弃置清理时的弃置费用支出。

（2）将期末弃置时发生的预计弃置费用支出，折现到弃置费用计提时点，折现率取长期借款利率。

（3）弃置费用在企业财务账面形成弃置成本（资产）和预计负债，计提弃置成本折耗，年初弃置成本净值每年按长期借款利率复利计息，预计负债增加。

（4）在总成本费用估算中弃置成本折耗计入折旧折耗，弃置成本财务费用计入财务费用，计算期内弃置成本折耗与弃置成本财务费用之和等于期末待发生的弃置费用。

除此之外，也可直接根据总投资的一定比例，考虑产量的因素，将弃置费用合计数分摊到每年作为分年度弃置费用；也可以不考虑产量的因素，直接将总投资一定比例的弃置费用平均分配到合同期最后几年。弃置费用提取比例一般参考相关油气项目进行估算。

第五节　经济评价实践中财务分析的注意事项

一、成本回收

成本回收一般出现在产品分成合同和服务合同中，通常情况下，合同中会有成本回收项目、回收顺序和回收方式的描述。需注意的是：

（1）全合同期内累计投资成本支出与累计回收成本油的差异，当累计回收成本油小于累计投资成本支出时，应采取调整开发方案、提前计提相关费用、优化经营成本等措施，并特别说明项目无法实现全部投资成本回收的情况。

（2）融资借款的财务费用是否可计入成本油进行回收，对于可用成本油回收财务费用的项目，权益投资效益评价应测算融资后合同者资本金效益指标。

（3）当期剩余和成本油回收上限以外的成本油视作利润油，在资源国与合同者之间进行分配。产品分成合同下合同者缴纳的所得税通常以利润油为基数。

二、折旧

折旧方法包括直线法、余额递减法、双倍余额递减法和产量法等。根据笔者所接触的石油合同，直线法和产量法折旧在会计程序中出现频繁。在计算折旧过程中，应注意回收折旧与抵税折旧的区别、账面资产折旧的计提、期末未回收折旧的处理。折旧的方法将影响利润表和现金流量表的结果。

三、现金流计算

海外油气勘探开发项目合同者现金流入与合同模式密切相关，产品分成合同下现金流入为投资成本回收及合同者利润油分成，矿税制合同下现金流入为项目营业收入，技术服务合同下现金流入为投资成本回收、服务费、补充服务成本及利息回收，各合同模式下的现金流出均为投资、成本和税费。

当净现金流在合同期末后期出现负值时，应及时调整效益指标测算的截止日期，后期净现金流为负的年份视作项目提前终结。

当净现金流在合同期内出现多次正负值交替变化时，以 Excel 模型 IRR 函数自动计算的内部收益率指标可能存在错误，此时应以财务净现值、投资回收期等指标作为分析投资者获利能力的关键。

四、决策指标的选择

经济评价决策指标一般包括内部收益率、财务净现值、投资回收期等。除这些指标外，还可考虑净现值率指标。净现值率（NPVR，即 Net Present Value Rate）又称净现值比、净现值指数，是指项目净现值与原始投资现值的比率，又称“净现值总额”。净现值率是一种动态投资收益指标，用于衡量不同投资方案的获利能力大小，说明某项目单位投资现值所能实现的净现值大小。净现值率小，单位投资的收益就低；净现值率大，单位投资的收益就高。

当两个方案投资额相差很大时，仅以财务净现值的大小来决定方案的取舍可能会导致错误的选择，可以适时考虑净现值率。但净现值率仅适用于投资额相近且投资规模偏小的方案比选，或者在投资总额受限制条件下的多方案比较。

净现值率在使用过程中也存在一定的局限性：（1）与财务净现值相类似，需要事先确定一个合适的贴现率，以便将现金流量折为现值，贴现率的高低会影响测算结果；（2）无法直接反映投资项目的实际收益率水平；（3）由于没有考虑计算期的不同对指标值产生的影响。

另外，同一投资项目多方案评价财务净现值和内部收益率出现矛盾时，净现值可以给出正确排序，而内部收益率的排序可能错误，主要原因在于项目的投资规模不同，且项目现金流发生时间不一致。较之内部收益率，财务净现值更加符合投资决策所追求的净收益最大化原则。如果内部收益率计算无误，内部收益率可以正确进行互斥项目或受预算约束条件投资项目的排序，前提条件是被评价项目的投资者所追求的必须是投资效率，即单位投资在单位时间里获得的净收益最大化。当两者出现差异时，内部收益率仅作为辅助指标用于投资决策参考。

第六节　经济评价实践中估值的注意事项

一、评估基准日

海外油气并购估值实践中，评估基准日的确定对于折现周期、折现系数以及折现率的计算具有重要意义。评估基准日可为全年任何一日，折算周期以该日期为起点，第一年按照该日期之后的天数占 365 天的比例计算，后续年份在第一年基础上逐步加 1 计算。

二、折现系数

折现系数是指按复利法计算利息的条件下，将未来不同时期一个货币单位折算为现时价值的比率。它直接显示现值同已知复利终值的比例关系。在估值中，先计算折现周期，从而得出折现系数。

三、折现值

折现系数乘以年净现金流即当年的折现值，合同期折现值合计即被评估对象的财务净现值。以 Excel 模型 NPV 函数自动计算的财务净现值默认评估基准日为每一年的 1 月 1 日，评估基准日选择该日期以外的任何一日，均须按照折现周期对应的折现系数逐一计算。

四、折现率

采用折现现金流法进行估值时，使用的加权平均资本成本是被收购方的加权平均资本成本，并非收购方的加权平均资本成本，估值所用的折现率应该能够反映现金流的风险。在获取项目中，风险即被收购方企业、资产或项目的现金流风险；在处置项目中，风险即卖出企业、资产或项目的现金流风险。使用的加权平均资本成本可以根据公司特点和政策风险进行调整。

五、年中折现 / 年末折现

采用折现现金流法进行估值时，根据实际情况考虑年中折现还是年末折现。要注意折现的匹配性。进行年末折现时，使用的是每年年末的自由现金流；进行年中折现时，使用的是每年年中的自由现金流。采用年中折现法计算的现值要比年末折现法计算的现值高。

六、估值结果

基于企业经营性资产估算的价值不代表企业整体价值，也不代表股东权益价值。当资产收购对象为企业整体或者股东权益时，需要按照下列公式进行资产价值调整：

企业整体价值 = 经营性资产价值 + 非经营资产价值 + 溢余资产价值

股东全部权益价值 = 企业整体价值 − 付息债务价值

经营性资产价值 = 被评估资产或项目的价值

非经营性资产价值 = 非经营性资产 − 非经营性负债 =（其他应收款 + 在建工程 + 递延所得税资产）−（其他应付款 + 应付利息 + 应付股利）

溢余资产价值 = 溢余货币资金 = 基准日企业持有的货币资金 − 最低现金保有量

（1）非经营性资产价值中，其他应收款包括非经营性往来款、预付工程款；在建工程是指未纳入收益预测范围的在建工程；递延所得税资产指评估基准日前形成、未来预测未考虑的资产；其他应付款包括非经营性往来款、应付设备款等，应付利息与应付股利均指评估基准日前形成、未来预测未考虑的。

（2）溢余资产价值中，最低现金保有量按照年度付现金额除以现金周转次数计算；年度付现金额为不含折旧与摊销的主营业务成本、管理费用、销售费用、各项税金及附加，以及财务费用；付息债务价值包括短期借款、长期借款、应付债券和长期应付款。

还需注意，以项目或资产为基础评估的价值不完全等同于企业价值或权益价值，也不一定是最终的出资额。

第十三章
海外油气勘探开发经济评价常用术语及释义

第一节　财税条款类常用术语

（1）合同模式：指在国际油气资源合作中，不同国家、石油公司或组织之间所采取的合同安排和协议形式。合同模式根据资源国的法律法规、资源情况、技术需求以及合作方的具体条件而定，旨在明确各方在油气勘探、开发、生产、运输和销售等各个环节的权利、义务和利益分配。

（2）合同期限：因具体的合同条款、合同类型以及合作国家的法律法规而有所不同。一般来说，石油合同的期限取决于多个因素，包括油田的储量、开采难度、预计产量、技术条件、经济环境以及双方协商的结果等。在某些情况下，石油合同可能采用分阶段的方式进行，如勘探阶段、开发阶段和生产阶段，每个阶段可能有不同的合同期限和条款。此外，石油合同还可能包含一些续约或延长合同期限的条款，这些条款通常基于一定的条件和要求，例如达到特定的产量或投资水平。

（3）合同签约方：国际石油合同的签约方主要包括资源国政府（或资源国石油公司）和外国石油公司。资源国政府通常是主权国或以国家石油公司为代表，它们拥有石油资源的所有权和专营权。外国石油公司则是与资源国政府或国家石油公司合作，承担勘探、开发和生产成本，并分享产量或利润的一方。

（4）合同生效日：国际石油合同生效日是指合同双方（通常是石油公司和资源国政府或其代表的国家石油公司）经过谈判并达成一致后，在合同中明确规定的合同正式生效的日期。这一天标志着双方同意开始执行合同中所规定的条款和条件，从而展开石油勘探、开发和生产等合作活动。

（5）日历年：国际石油合同中的“日历年”通常指的是按照公历计算的年度时间周期，即从某一年的 1 月 1 日起至同年的 12 月 31 日止。在国际石油合同中，日历年常被用作确定合同期限、付款周期、产量报告提交时间等关键时间点的基准。

（6）财税条款：国际石油合同的财税条款是合同中的重要组成部分，涉及石油开发、生产和销售过程中的税收和财务安排。这些条款通常根据资源国政府的法律法规以及合同双方的谈判结果来制定。国际石油合同的财税条款具有高度的灵活性和复杂性。合同双方需要根据资源国的法律法规、市场条件、技术难度等因素进行深入的谈判和协商，以达成符合双方利益的条款。同时，由于国际石油市场的波动性和不确定性，财税条款可能需要随着市场变化进行调整和修订。

（7）矿税制合同：在矿税制合同下，石油公司获得许可证即取得了区块油气勘探、开发和生产专营权，资源国政府及其国家石油公司对区块不再拥有经营权、作业权和油气支配权。石油公司产出石油后，首先要以实物或现金形式向政府交纳矿区使用费，其费率确定方式有多种形式，如固定或滑动比例、R 因子等。石油公司的收入是缴纳矿费后的销售收入，而资源国政府则通过各种税费获得收益。

（8）产品分成合同：是油气资源国际合作中的一种重要合同模式。在此模式下，资源国政府拥有油气资源的所有权和专营权，外国油气公司则承担勘探、开发和生产的费用。合同的核心在于，外国油气公司在完成成本回收后，与资源国政府按照约定的比例对产量进行分成。

（9）技术服务合同：一般是油气资源较为丰富的国家（比如伊拉克、伊朗等）使用的一类合同，其主要特点是外国合同者投入资金、技术进行油田开发生产，产量由国家享有，外国合同者根据合同的规定获得成本回收及相应报酬，前述的成本回收及相应报酬可以油气产品的实物予以给付。

（10）风险服务合同：这种合同通常规定，签订合同的外国石油公司不仅要为勘探提供全部风险资金，而且还要为油田开发提供所需全部资金，相当于为国家石油公司提供有息贷款。油田投产后，于一定年限内偿还。风险服务合同的主要特征是：不仅强调资源国国家石油公司对合同区块的专营权，还强调对产出原油的支配权。外国石油公司在承担作业风险后，所能得到的只是一笔服务费。服务费中包括已花费用的回收和合理的利润，所建和所购置资产归资源国所有。一般由外国石油公司作业，在外国石油公司与资源国之间不组成联合管理委员会。外国石油公司在风险服务合同中只是一个纯粹的作业承包者或者简称为合同者。

（11）会计程序：会计程序往往作为产品分成合同的附件，详细列明石油作业中哪些成本费用支出可以回收，记账的原则，物资、原材料的簿记及处置的方式，资源国政府或者国家石油公司的审计权，等等。

（12）篱笆圈：其目的是确保石油公司在其他领域活动中所花掉的费用和蒙受的损失不能在油气生产利润中扣除等。按照"篱笆圈"政策规定，每个油田或区块的收入作为一个独立的核算单位，某一区块受到的损失不能用其他区块的收入来抵补。

（13）合同者：在国际石油合同中，合同者通常是与资源国政府或国家石油公司合作的外国石油公司或企业。这些合同者承担勘探、开发和生产成本，并分享产量或利润。合同者拥有一些特定的权利，例如完善所有的技术条件、提供执行工作计划所需的资金，以及在获得国家石油公司的书面准许后，有权把合同的全部或部分权益和股份出售、委托、转让或处置给一家联营公司或其他公司。

（14）最低义务工作量：是国际油气合同中的关键条款内容，包含了油气勘探的风险性。它一般以地震数据测线长度和钻井的口数来计算，旨在确保投资者在项目初期就承担起一定的勘探工作责任。具体来说，最低义务工作量主要包括勘探阶段最小地震勘查工作量和最小探井工作量。前者只在合同初期加以限定，一般用完成的二维或三维地震测线长度来标明；后者则用完成的探井数量来标明，包括边界井和评价井。在某些情况下，合同中还可能规定具体的探井进尺要求。

（15）基础油：在国际石油合同中，基础油是指油田的基准产量，可以是基于历史产量、技术评估或双方协商确定的一个固定或可调整的数值。在服务合同招标条款中很常见的是，根据投标的初始产量，按照规定的递减率进行递减。

（16）增产油：在国际石油合同中，增产油通常是指超出合同规定的基准产量的石油产量。这种增产油的产生可能源于油田的开发、技术的改进、新井的钻探或者现有井的增产措施等因素。

（17）矿区使用费：矿区使用费是矿产资源的所有者把矿产资源出租给他人使用而获得的一种权益所得，矿产资源的所有者一般为政府。

（18）签字费：一些国家规定，签字费是石油公司在获得矿区使用权时必须向政府缴纳的一项现金费用。极个别的国家征收一种名为“区块选择费”的现金费用，其实也就是签字费。

（19）生产定金：在国际石油合同中，生产定金是一个特定的经济条款，通常作为石油公司为获得开采石油资源权利而向东道国政府支付的一种额外费用。生产定金通常与石油公司的日产量或累计产量挂钩。

（20）发现定金：是石油公司在勘探阶段发现商业可采油气资源后，向东道国政府或相关权益方支付的一种费用。这一费用的主要目的是对发现油气资源的贡献进行经济上的认可，并作为对勘探风险的一种补偿。

（21）国内市场义务：某些国家的产品分成合同会要求外国合同者将油气田产出的油气产品的一定比例以折让市场价格供应国内市场。对于外国合同者来说，油气产品供应国内市场的比例需要尽量小，而且价格应该尽量贴近国际价格。国内市场义务往往是资源国与外国合同者谈判的重要条款之一。

（22）政府参股：是指资源国政府或代表资源国政府的国家石油公司通过持有一定比例的权益，参与到石油勘探、开发和生产项目中来。这种参股形式旨在平衡资源国政府的经济利益与外国石油公司的技术和资本投入，确保资源国在石油资源开发过程中获得合理的经济回报。

（23）成本回收：是指投资者在石油勘探、开发和生产过程中发生的成本，通过销售油气产品或其他方式得以回收的过程。成本回收是国际石油合作项目中非常重要的一个环节，它直接关系到项目的经济效益和投资者的回报。通常会明确规定成本回收的相关条款，包括可回收成本的范围、成本核算方法、回收顺序以及未回收成本的处理方式等。这些规定旨在确保合同各方利益的公平性和透明度，同时也有助于投资者更好地评估项目的财务状况和风险水平。一般来说，可回收成本包括勘探投资、开发投资、操作成本等与油气项目直接相关的费用。这些费用在合同中通常会有明确的规定，并按照一定的核算方法进行计算和确认。

（24）未回收成本：指的是在国际油气合作项目中，已经发生但尚未通过石油销售或其他方式回收的成本。这些成本可能包括勘探投资、开发投资、操作成本等。未回收成本是投资者关注的重要指标，因为它直接影响到项目的盈利能力和投资回报期。未回收成本的核算与回收通常遵循一定的规则和方法。一般来说，合同会明确规定成本的核算方式、回收顺序以及未回收成本的处理方式。例如，有些合同允许将当年可回收但超过成本回收界限的未回收成本结转到下一年度回收。此外，各国的财税制度和会计准则也会对未回收成本的核算和回收产生影响。

（25）成本回收上限：规定了投资者在每年度内可以从油气销售收入中回收的最大成本金额。这个上限通常以百分比的形式表示，即成本回收的上限是油气销售收入的一定比例。成本回收上限的设定对项目的经济效益和投资者的回报有直接影响。如果成本回收上限设置得较低，那么投资者每年能够回收的成本就会受到限制，可能会影响项目的现金流和投资回报期。相反，如果成本回收上限设置得较高，投资者则可以更快地回收成本，但这也可能意味着资源国政府在项目早期获得的利润分成会相应减少。成本回收上限只是成本回收机制的一部分。在实际操作中，还需要考虑其他因素，如成本核算方法、成本油的分配、未回收成本的处理等。这些因素共同构成了国际石油合同中的成本回收条款，对项目的经济效益和投资者的回报产生重要影响。

（26）额外成本回收：也称投资补贴，在某些产品分成合同中，属于激励性条款，允许外国石油公司在回收成本时额外多回收一定百分比的资本投资。

（27）结余成本油（超额成本油）：在国际石油合同中，结余成本油通常与成本油的概念和计算方式有关。如果当期可回收成本及费用小于成本回收上限，那么就会出现结余成本油。结余成本油的计算方式为：成本油减去当期可回收成本及费用。这表示在当前周期内，成本油的预算额度并未完全使用，有剩余的部分。

（28）利润分成：在产品分成合同模式下，所产出的石油会被分成几部分。其中，一部分石油用于补偿外国石油公司的勘探、开发和生产成本，这部分通常被称为成本回收油；剩余的石油则作为利润分成油，根据合同约定的比例在资源国政府和外国石油公司之间进行分配。

（29）*R* 因子：用于衡量外国石油公司在石油合作项目中的投资回收及投资收益率情况。*R* 因子通常定义为外国石油公司累计收入与累计支出的比值。其中，累计收入主要包括累计回收的石油成本和报酬费，而累计支出则主要是外国石油公司累计支出的石油成本，包括开发投资和操作费。*R* 因子的主要作用体现在投资回收率的衡量、收益分配调整、合同条款触发点等。*R* 因子的具体计算方法和应用方式可能因合同条款和项目特点而有所不同。

（30）报酬费：在技术服务合同中，报酬费一般是在报酬费生效日之后的季度开始计算，用当季适用的每桶报酬费乘以当季增产产量。当季适用的每桶报酬费需要根据 *R* 因子的大小进行调整。

（31）培训费：在国际石油合同中，培训费通常指的是资源国政府要求外国石油公司为资源国员工提供技术和管理培训的相关费用。这种培训旨在提高资源国本土员工的技能水平，促进知识转移，并增强他们在石油勘探、开发、生产和管理等方面的能力。

（32）地租：是石油公司为取得勘探生产权向土地所有者按年度缴纳的一种租金，土地所有者一般为政府。

（33）免税期：在国际石油合同中，免税期是指外国石油公司在特定时间段内，享有对特定税收的豁免或减免。这一条款通常是为了鼓励外国投资、促进资源国石油工业的发展，以及作为对石油公司承担高风险和大量投资的回报。

（34）社会捐献：在国际石油合同中，社会捐献是指外国石油公司向资源国政府或当地社区提供的资金支持或物资援助，旨在促进当地社会、经济、文化和环境的发展。这种捐献是外国石油公司履行社会责任、实现可持续发展目标以及建立良好社区关系的重要方面。

（35）弃置义务：指的是在油气项目终止生产后，将相关设施恢复到安全和符合环境要求的状态的过程，以及相关费用的承担。弃置义务的具体内容和执行方式可能因合同条款、资源国法律法规以及项目实际情况而有所不同。因此，在国际石油合同的谈判和签订过程中，双方应充分讨论并明确弃置义务的具体内容、执行方式和费用承担等问题，以确保项目的顺利进行和环境的可持续保护。

第二节　参数类常用术语

（1）布伦特原油价格：指的是产自北海的布伦特轻质低硫原油在市场上的价格，该原油在伦敦商品期货市场（ICE）交易，被广泛用于全球大部分地区的原油计价，尤其是除部分中东和远东地区以外的地区。布伦特原油期货合约是洲际交易所上市的一种原油期货合约。布伦特原油价格的变动受到多种因素的影响，包括全球供需关系、地缘政治事件、货币政策以及经济增长预期等。因此，布伦特原油价格是一个实时变动的数值，投资者和交易者通常会密切关注，以把握市场动态和价格趋势。

（2）WTI 原油价格：WTI 原油价格指的是美国西得克萨斯州中质原油

在市场上的价格。WTI 原油是全球原油定价的三大基准之一，其期货合约在纽约商品交易所（NYMEX）上市交易。WTI 原油价格同样受到多种因素的影响，包括全球供需关系、地缘政治事件、货币政策以及经济增长预期等。由于油价具有波动性，WTI 原油价格也是实时变动的。投资者和交易者通常会密切关注 WTI 原油价格的变动，以把握市场动态和价格趋势，从而做出更明智的投资决策。

（3）贴水：指在国际原油市场中，未来交货的原油合约价格低于现货价格的情况。这种现象通常发生在供应过剩、需求不足的情况下。当市场上有更多的原油供应时，未来的交货价格就会比现货价格低，从而形成了贴水的现象。决定原油贴水的因素有很多，其中最基本的因素是品质差异。理论上，使用不同品质原油生产炼制得到的馏分不同，产品的差别最终会反映到原油的价格上。此外，原油贴水还会受到运输市场变化、基准油市场变化、成品油价格变化、季节性变化、油田生产情况变化、远期价格结构、买卖双方的博弈能力等多因素的影响。

（4）升水：指在油市中，未来交货的原油合约价格高于现货价格的现象。这通常发生在市场预期未来原油需求增加，或者原油供应减少的情况下。升水现象反映了市场对未来供需关系的预期，以及投资者对经济增长的信心。当市场普遍认为未来原油供需关系将紧张时，投资者可能会积极买入原油期货，推动期货价格上涨，形成升水现象。升水现象对于原油生产和出口国来说是有利的，因为它意味着原油价格的上涨将提高这些国家的收入。同时，对于投资者来说，原油期货升水可能意味着存在投资机会，可以通过买入原油期货来获得潜在的收益。

（5）油气实现价格：通常指的是石油或天然气产品在销售时所达到的实际价格。这个价格受到多种因素的影响，包括但不限于市场供需、原油或天然气基准价格、运输和加工成本、税收以及合同约定的具体条款等。

（6）原油品质价差：原油品质价差主要来源于不同油种之间的品质差异，包括密度、含硫量等关键指标。通常，轻质低硫的原油价格较高，而重质高硫的原油价格则相对较低。此外，同一油种在不同阶段开采出来的原油品质也可能存在差异，也会对价格产生影响。供需情况的变化也是导致价差变化的重要因素。例如，当某类专用原油的炼厂发生火灾或关闭时，这种原油相对于其他油种的价格往往会降低。同时，同一种油在不同地区的价格也会不同，这导致了地域价差的产生。

（7）净回价：也被称为净回值价格或倒算净价格（Net Back Pricing）。它主要是一种定价机制，用于确定原油的离岸价。这种定价方式是以消费市场上成品油的现货价乘以各自的收率为基数，然后从这一基数中扣除运费、炼油厂的加工费以及炼油商的利润。通过这种方式计算出的原油离岸价，实质上是将价格下降风险全部转移至原油销售一方，从而确保了炼油商的利益。

（8）油气商品率：用于衡量通过销售可以获取收入的油气产品数量。它是根据油气产量和油气商品量计算得出的。油气商品率一般根据油气生产过程中发生的损耗和自用情况综合确定，外供其他油气田或区块而非本油气田或区块自用的油气量均为商品量。

（9）吨桶比：用于描述原油或其他液体商品数量与储存容器（通常是桶）之间关系的比例。由于不同地区的原油密度和品质可能有所不同，因此同样的重量可能占据不同的体积。这就导致了“吨桶比”的概念，即将一吨原油转换成多少桶。这个比例并不是绝对的，它会根据原油的具体密度和品质而有所变化。

（10）API 度：美国石油协会（API）制订的用于度量原油密度，从而表征原油质量的一个物理量。它与原油的相对密度相关，并定义了不同类型原油的相对密度范围。具体来说，API 度是通过特定的公式计算得出的，与原油在标准温度（如 15.6℃或 60 ℉）下的密度有关。API 度与原油的密度呈负相关关系，即原油的 API 度越大，则其密度越小；反之则大。因此，API 度可以作为评价原油质量的一个重要指标。

（11）折旧：是指在固定资产使用寿命内，按照确定的方法对应计折旧额进行系统分摊。这一做法反映了固定资产在当期生产中的转移价值。每种资产由于其有形磨损和无形磨损的程度不同，因此在使用年限上也存在差异。所以，在计算折旧时，需先估计不同资产的使用年限，并按照规定的折旧率和方法进行计算。

（12）摊销：指对除固定资产之外，其他可以长期使用的经营性资产按照其使用年限每年分摊购置成本的会计处理办法，与固定资产折旧类似。常见的摊销资产如大型软件、土地使用权等无形资产和开办费，它们可以在较长时间内为公司业务和收入做出贡献，所以其购置成本也要分摊到各年才合理。摊销在会计中的重要性不容忽视，它能够准确反映资产的价值消耗情况，保证财务报表的准确性和真实性，并帮助企业更好地管理资产，为决策提供数据支持。

（13）折旧方法：指在固定资产的使用寿命内，对应计折旧额进行系统分摊的明确方法。

（14）产量折旧法：在国际石油合同中，产量折旧法是一种特定的折旧计算方法，它假定固定资产（如石油生产设备）的服务潜力会随着使用程度而减退。因此，该方法将传统的年限平均法中固定资产的有效使用年限改为使用这项资产所能生产的产品或劳务数量。这种方法能够比较客观地反映出固定资产使用期间的折旧和费用的配比情况。

（15）直线折旧法：该方法将应计折旧额均匀分担至固定资产预计使用寿命内，采用这种方法计算的每期折旧额均相等。直线折旧法适用于那些长期使用价值稳定的资产，如建筑物等。直线折旧法假定资产在其使用寿命内是以相同的速度价值下降的，能够简化会计处理，也能够使资产的折旧费用在各个会计期间内基本保持稳定。

（16）利率：指一定时期内利息额与借贷资金额（本金）的比率，是决定企业资金成本高低的主要因素，同时也是企业筹资、投资的决定性因素。利率通常以一年期利息与本金的百分比计算，其计算公式为：利率 = 利息 ÷ 本金 ÷ 时间 ×100%。

（17）伦敦银行同业拆借利率（LIBOR）：是英国银行家协会根据其选定的银行在伦敦市场报出的银行同业拆借利率进行取样并平均计算得出的基准利率。它反映的是伦敦金融市场上银行之间相互拆放英镑、欧洲美元及其他欧洲货币资金时的计息利率。LIBOR 在伦敦银行内部交易市场上形成，是大型国际银行愿意向其他大型国际银行借贷时所要求的利率。它常被用作商业贷款、抵押、发行债务利率的基准，很多合同也会以它为参考利率。同时，浮动利率长期贷款的利率也会在 LIBOR 的基础上确定。

（18）折现率：是指将未来有限期预期收益折算成现值的比率。折现率问题实质上是如何确定未来收益额的问题。在投资项目评估中，折现率的高低对评估结果有较敏感的影响，折现率的确定与选择是评估中的关键。

（19）加权平均资本成本：是企业以各种资本在企业全部资本中所占的比重为权数，对各种长期资金的资本成本加权平均计算出来的资本总成本。它可用于确定具有平均风险投资项目所要求的收益率，并主要用于企业的资本预算工作。加权平均资本成本的计算公式为：$\mathrm{WACC} = E/V \times R_e + D/V \times R_d \times (1 - T)$，其中 E 表示股本，V 表示企业总资本，R_e 表示股本资本成本，D 表示债务，R_d 表示债务资本成本，T 表示所得税率。

（20）基准财务内部收益率：也称为基准收益率或财务基准收益率，是本行业、本地区可允许的最低投资收益率界限。它主要具有以下作用：①作为项目财务内部收益率的判别标准，当拟投资项目的财务内部收益率高于或等于基准财务内部收益率时，表明项目可行；②在财务分析中折现计算时作为折现率的确定值。

（21）通货膨胀率：是一个经济学词汇，指一般物价总水平在一定时期（通常为一年）内的上涨率，反映了通货膨胀的程度。它通常用价格指数的上升和货币购买力的下降来表现。具体来说，通货膨胀率可以通过价格指数的增长率来计算，其中消费者价格指数（CPI）是最常用的一种。计算公式为：通货膨胀率 =（现期物价水平 − 基期物价水平）/ 基期物价水平。

第三节 投资成本费用类常用术语

（1）资本性支出：是指企业用于购建固定资产、无形资产以及其他长期资产的支出。这些支出通常被视为资产购置的初始成本，并会在资产的使用寿命内通过折旧、摊销等方式逐步转化为费用。在会计处理上，资本性支出通常需要在发生时确认为资产，并在后续会计期间内按照一定方法进行折旧或摊销。同时，企业还需要遵循相关的会计准则和规定，确保资本性支出的确认和计量符合会计准则的要求。

（2）有形化资本性支出：主要指的是企业用于购买或改善那些具有物理形态的长期资产的支出。这些资产包括但不限于土地、建筑物、机器设备、车辆等。这类支出是企业为了增强其生产能力、降低生产成本、增加竞争力，以及为企业带来长期收益而进行的投资。与日常运营支出不同，有形化资本性支出通常是一次性的，并且其效益会在未来的多个会计年度内体现。在会计处理上，这类支出首先会被计入资产类科目，然后随着资产的使用和消耗，通过折旧、摊销等方式，在资产的使用寿命内逐步转化为费用。

（3）无形化资本性支出：主要指的是企业用于购买或生产使用年限在一年以上的无形资产所需的支出。这些无形资产包括专利权、商标权、著作权、非专利技术、土地使用权、特许权等。这些支出同样属于资本性支出，因为它们所带来的效益可以延续到多个会计期间。在会计处理上，无形化资本性支出与有形化资本性支出类似。首先，这些支出会被确认为企业的无形资产，并在资产负债表中进行列示。然后，随着无形化资产的使用和效益的发挥，企业会按照一定的方法（如直线法、加速折旧法等）进行摊销，将无形资产的成本分摊到各个会计期间。

（4）勘探投资：指的是为寻找和开发油气资源而进行的投资，主要涵盖地质勘探和地球物理勘探等方面。这些投资活动包括物化探投资、探井投资、勘探非安装设备投资、勘探辅助工程投资，以及综合研究与新技术投资等。

（5）开发投资：主要指的是为将勘探到的油气资源转化为具有商业价值的产量而进行的投资，包括从勘探后的评估阶段到实际开采和生产阶段的所有投资，其目的在于建立和维护油气田的生产能力，以获取长期的经济回报，一般包括开发井投资、采油（气）投资、地面工程投资。

（6）钻井投资：是指为进行油气勘探和开发活动而投入的资金，主要用于钻井工程的建设和运营。钻井工程是油气勘探开发的核心环节，其成功与否直接影响到油气资源的发现和开采效果。

（7）采油投资：与油气开采和生产相关的注采装置和投产作业投资有关，一般包括自喷采油和人工举升等发生的投资。采油工程是指油田开采过程中根据开发目标通过产油井和注入井对油藏采取的各项工程技术措施的总称。

（8）地面投资：是指与油气开采和生产相关的地面设施建设投资。这些投资一般包括集油（气）站、油气处理设施、管道、储罐、泵站等基础设施的建设和运营。

（9）操作成本：是指在油气田开发生产过程中，为维持和提高油气井的生产能力，确保油气开采和处理的正常进行而发生的直接和间接费用，包括固定操作成本和可变操作成本。

（10）固定操作成本：是指在一定时期内，与油气生产量无直接关联或关联较小的那部分操作成本。这些成本通常不会因为产量的增加或减少而发生显著变化，它们在短期内保持相对稳定。油气固定操作成本主要包括员工工资、福利和相关的人力资源费用。此外，设备折旧、某些管理费用、租金、保险费用等也通常被视为固定成本，因为这些费用不会因为产量的短期波动而显著变化。

（11）可变操作成本：是与油气生产量直接相关的那部分操作成本，它会随着产量的增减而发生显著变化。这类成本主要包括与油气开采、处理、集输等生产过程直接相关的原材料、燃料、化学药剂消耗等。

（12）上级管理费：是指油气开发项目合同者以作业者身份计提的费用，通常按照资本性支出、操作成本或者两者之和的一定比例估算。该项费用本质上是作业者的一种特殊收入，不属于项目或资产的真正成本。

（13）行政管理费：企业行政管理部门为组织和管理生产经营活动而发生的各项费用，包括财产保险费、董事会费、中介机构费、咨询费、业务招待费、信息维护费、印花税、技术转让费、经费清欠、存货盘亏或盘盈等，即项目或资产运营的管理费用，通常按照年度固定额度或者与定员挂钩进行估算。

（14）弃置费：通常是指根据资源国家法律和行政法规、国际公约等规定，外国石油公司承担的环境保护和生态恢复等义务所确定的支出。弃置费用的具体金额和支付方式可能会根据国际石油合同的具体条款以及当地的法律法规有所不同。

（15）财务费用：是指企业为筹集生产经营所需资金等而发生的费用，主要包括利息净支出（利息支出减利息收入后的差额）、汇兑净损失（汇兑损失减汇兑收益的差额）、金融机构手续费以及筹集生产经营资金发生的其他费用等。

（16）销售费用：是指企业在销售商品和材料、提供服务的过程中发生的各种费用，以及为销售本企业商品而专设的销售机构（含销售网点、售后服务网点等）的经营费用、职工薪酬、业务费、折旧费等。这些费用涵盖了保险费、包装费、展览费、广告费、商品维修费、预计产品质量保证损失、运输费、装卸费等多个方面。销售费用属于期间费用，在发生的当期就计入当期的损益。

（17）管输费：是指通过管道运输石油所产生的费用。这些费用通常涵盖了石油从生产地到消费地或储存设施之间的管道运输成本。管输费的具体金额取决于多个因素，包括但不限于管道的长度、运输量、管道容量、运输距离、管道状况、运输成本以及市场供需关系等。

（18）流动资金：即企业可以在一年内或者超过一年的一个生产周期内变现或者耗用的资产合计。广义的流动资金指企业全部的流动资产，包括现金、存货（材料、在制品及成品）、应收账款、有价证券、预付款等项目。这些项目都是企业业务经营所必需的，因此流动资金也被称为营业周转资金。狭义的流动资金则是流动资产减去流动负债后的净额，也称为净流动资金。

（19）完全成本：是指油气田在一定时期内生产一定量的油气所发生的全部费用总和，其构成和计算方式可能因不同的油气田、不同的开发阶段以及不同的会计准则而有所差异。因此，在具体分析和决策时，需要结合实际情况进行详细评估和计算。

第四节　税收类常用术语

（1）增值税：是以商品（含应税劳务）在流转过程中产生的增值额作为计税依据而征收的一种流转税。它实行价外税，也就是由消费者负担，有增值才征税，没增值不征税。增值税是对销售货物或者提供加工、修理修配劳务以及进口货物的单位和个人就其实现的增值额征收的一个税种。

（2）关税：国际油气合作中的关税问题涉及多个方面，包括原油、天然气等资源的进口和出口关税，以及合作项目中涉及的设备、技术等进出口关税。关税的设定和调整通常受到各国政府的经济政策、能源战略以及国际贸易协定等多方面因素的影响。关税的征收标准和税率往往由合作双方所在国家的法律法规确定。

（3）所得税：是海外油气合作最重要的一个税种，除极为个别的国家和地区（如巴哈马群岛）外都向石油公司征收所得税。公司所得税的税基通常称作税前利润、税前净收入或所得税的应纳税收入等。

（4）预提税：指一国政府对在本国从事经营活动的公司向国外支付的股息、许可费和利息等征收一定比例的税收。

（5）红利税：是一种重要的企业收入税收，主要来源于企业分配的现金红利或股票转让的股息。它是对企业盈利进行再分配后，对股东取得的收益所征收的税。

（6）超额利润税：是针对油气开采企业的超额利润征收的一种税。在哈萨克斯坦，超额利润税的计算通常基于企业的投入产出比（R 因子），并根据超额累进税率进行征收。这意味着税率会根据企业的投入产出比在一定的范围内浮动。此外，超额利润税的计算还涉及企业的当年收入、当年支出、所得税等因素。

（7）原油出口关税：是一个会根据国际市场油价变化而经常调整的税种。具体来说，资源国政府会根据油价的变动来调整原油出口关税的税率。

这种关税调整机制旨在确保资源国的原油出口收益与国际市场油价保持一定的关联。

（8）不动产税：是针对土地、建筑物等不动产征收的税种。在国际油气合作项目中，不动产可能包括油气田、钻井平台、管道、储罐等用于油气开采、储存和运输的设施。由于不同国家和地区的税法规定存在差异，因此国际油气不动产税的具体实施方式和税率可能会有所不同。

（9）递延所得税：是指当合营企业应纳税所得额与会计上的利润总额出现时间性差异时，为调整核算差异，可以账面利润总额计提所得税，作为利润总额列支，并按税法规定计算所得税作为应交所得税记账，两者之间的差异即为递延所得税。通俗来讲，就是会计上认定的缴税金额与税务局认定的金额不一致，而其中暂时性的差异就是递延所得税。

（10）暴利税：是针对油气企业在特定情况下获得的超额利润征收的一种特殊税收。暴利税的具体实施方式和税率可能因国家和地区而异。政府会根据本国的能源政策、经济状况以及与国际合作伙伴的协议来设定暴利税的征收标准和规则。

第五节　经济评价指标常用术语

（1）财务内部收益率：是指项目在整个计算期内各年财务净现金流量的现值之和等于零时的折现率，也就是使项目的财务净现值等于零时的折现率。它是反映项目实际收益率的一个动态指标，通常用于评估投资项目的盈利能力和可行性。

（2）财务净现值：是按设定的折现率计算的项目计算期内净现金流量的现值之和。财务净现值的优点在于它考虑了资金的时间价值，并且能够全面反映投资项目的整体收益情况。这使得财务净现值成为企业在进行资本预算和投资决策时常用的重要指标之一。然而，财务净现值也有其局限性，比如对未来的现金流预测可能存在不确定性，以及折现率的选择可能受到主观因素的影响。

（3）投资回收期（静态）：简称回收期，是一个投资项目评估指标，它表示以投资项目的净现金流量来抵偿原始总投资所需要的全部时间。这个指标通常以年为单位来衡量。在投资决策中，投资回收期是一个非常重要的考量因素。较短的投资回收期通常意味着更快的资金回笼和更高的投资效率。然而，这并不意味着投资回收期越短越好，因为过短的投资回收期可能意味着较高的风险和较低的长期收益。

（4）财务净现值率：项目财务净现值与项目总投资现值之比。其经济含义是单位投资现值所能带来的财务净现值，是反映投资项目在投资活动有效期内获利能力的动态财务效益的分析指标。财务净现值率作为财务净现值的辅助评价指标，常用于投资决策、项目评估、资本预算、公司收购与合并、产品开发决策以及资产置换决策等领域。其优点在于考虑了时间价值，将未来现金流量折现至现值，充分考虑了时间价值的影响。

（5）累计净现金流量：是指在一定时期内，将各期净现金流量的数值逐年相加的总和。净现金流量是现金流量表中的一个指标，它表示一定时期内现金及现金等价物的流入（收入）减去流出（支出）的余额（净收入或净支出），反映了企业本期内净增加或净减少的现金及现金等价数额。海外油气项目合同期累计净现金流是指油气项目合同期内各年净现金流的合计值，它充分体现了资金在油气项目中产出的经济效益，并客观反映了油气项目创造的价值规模。

（6）最大累计负现金流量：是指在项目评估期内，各年现金流量累计出现最大负值时的现金流量值。它表示在项目运行过程中，资金流出超过资金流入的最大额度，即项目所需的最大额外资金投入。分析最大累计负现金流量对于评估项目的资金需求和风险至关重要。它可以帮助决策者了解在项目执行过程中，何时需要最大额度的额外资金投入，以及这个额度的具体数值。这有助于企业提前做好资金规划和筹措准备，确保项目能够顺利进行。

（7）现金流入：是投资项目所发生的全部资金收入，主要包括营业收入、残值收入或变价收入、收回的流动资产、其他现金流入。现金流入量的计算公式可以根据具体情况进行调整，在财务分析中，现金流入量是一个重要的指标，它可以帮助企业评估投资项目的盈利能力和风险程度，从而做出更明智的决策。

（8）现金流出：是投资项目所发生的全部资金支出，主要包括建设投资、流动资金投资、营运成本、税金支出。现金流出量的计算对于评估投资项目的财务可行性至关重要。通过对现金流出的详细分析，企业可以了解投资项目的成本结构，预测未来的资金需求，并制定相应的财务计划。

（9）净现金流量：是现金流量表中的一个重要指标，它指的是在一定时期内，现金及现金等价物的流入（收入）减去流出（支出）的余额（净收入或净支出）。这个指标反映了企业本期内净增加或净减少的现金及现金等价物的数额。净现金流量的计算通常以一年为一期进行，其公式为：年净现金流量 = 年现金流入量 - 年现金流出量。净现金流量在评估企业经营状况和财务稳健性时具有关键作用。它可以用来评估企业的经营能力、偿债能力以及投资价值。如果净现金流量持续为正，说明企业的经营活动能够为企业带来持续的现金流入，表明企业的盈利能力较强。同时，净现金流量也可以用于评估企业的偿债能力，如果净现金流量足够大，企业可以更轻松地偿还债务，降低偿债风险。对于投资者而言，净现金流量是判断企业投资价值的重要依据，持续为正的净现金流量意味着企业具备良好的现金流入能力和投资价值。

（10）总储量：指 100% 的商业剩余可采量，即从某个指定的时间点开始到合同结束这段时间内不超过经济极限点的油气总量。

（11）净储量：指合同者净经济权益下可获得的总储量的份额，与工作权益、矿费和成本回收以及利润分成等经济参数有关。

（12）剩余经济可采储量：是油（气）田投入开发后，经济可采储量与累积产油量之差。经济可采储量是指在一定技术经济条件下，出现经营亏损前的累积产油量，即油田的累计现金流达到最大、年现金流为零时的油田全部累积产油量。剩余经济可采储量被视为油田的核心资产，是维系油田高质量全面可持续发展的根基。高剩余经济可采储量代表油田可持续发展能力强，效益稳产基础牢固，有助于降低原油生产成本，提升油田整体盈利能力。

（13）经济极限年份：通常指的是在特定经济条件下，某一油气项目开发的预期经济寿命的终点。具体到 SEC 储量中的经济极限年份，它指的是在现有经济条件、油价、生产成本、税收政策、市场需求和技术进步等因素的影响下，一个油气田或项目预计不再具有经济开采价值的年份。

（14）储量接替率：又称储量替换率，是反映储量接替能力的指标，其计算方法通常为：储量接替率 = 当年新增探明可采储量 / 当年消耗的储量。这一指标衡量了公司或国家在不依赖原有储量的情况下，仅凭新增储量能否满足开采需求。具体来说，如果储量接替率大于 1，意味着公司或国家不需要动用原有储量，仅靠新增储量就能满足开采需求，这会导致总储量逐渐增长，总开采年限也会相应延长。因此，在国际市场上，储量接替率大于 1 的公司或国家通常会获得较高的估值。

（15）利润总额：是指企业在所得税前一定时期内经营活动的总成果，也称为“税前利润”。它反映了企业一定时期内的盈利能力和经营管理水平，是衡量企业经营业绩的重要经济指标之一。利润总额的计算公式为：营业利润 + 营业外收入 − 营业外支出。

（16）息税折旧摊销前利润：是一个重要的财务指标，用于衡量公司在支付利息、税费、折旧和摊销之前的盈利能力。通过计算营业收入并减去营业支出（不包括利息、税费、折旧和摊销），可以得到息税折旧摊销前利润。计算公式为：息税折旧摊销前利润 = 净利润 + 所得税费用 + 利息费用 + 折旧 + 摊销，或者息税折旧摊销前利润 =EBIT（息税前利润）+ 折旧 + 摊销。其中，EBIT 是在扣除利息以及所得税之前的利润。

（17）应纳税所得：是指按照税法规定确定纳税人在一定期间所获得的所有应税收入减除在该纳税期间依法允许减除的各种支出后的余额，是计算企业应纳税额的计税依据。

（18）弥补以前年度亏损：是会计和税务领域的一个重要概念，它涉及企业如何处理历史亏损以恢复财务稳健性。从会计处理的角度来看，弥补以前年度亏损主要是指用企业当年的税前利润或税后利润，以及盈余公积等资金，来弥补以前年度（通常是上一年度或过去几年）的亏损。这样做的目的是确保企业的利润数据能够真实反映其当前的经营状况，避免将历史亏损与当前盈利混淆在一起。具体来说，企业可以用当年的税前利润首先弥补以前年度的亏损。如果税前利润不足以弥补全部亏损，那么这部分亏损可以在接下来的几年内继续用税前利润进行弥补。

（19）净利润：是指企业当期利润总额减去所得税后的金额，即企业的税后利润。它是评估企业盈利能力的重要指标，反映了企业在一定时期内经营活动的最终成果。净利润的计算公式为：净利润 = 利润总额 − 所得税费用。所得税是指企业将实现的利润总额按照所得税法规定的标准向国家计算缴纳的税金，它是企业利润总额的扣减项目。影响净利润的两个主要因素是利润总额和所得税率。利润总额的大小取决于企业的营业收入、营业成本、税金及附加、销售费用、管理费用、财务费用等各项收入和支出。所得税率则是由国家税收政策所决定。

（20）资产负债率：是负债总额除以资产总额的百分比，也就是负债总额与资产总额的比例关系。它用于衡量企业利用债权人提供资金进行经营活动的能力，也反映了债权人发放贷款的安全程度。这个指标的计算公式为：资产负债率 = 负债总额 / 资产总额 ×100%。从债权人的角度来看，资产负债率越低越好。这是因为较低的资产负债率意味着企业有更多的资产作为偿债的保障，债权人的贷款风险相对较小；相反，如果资产负债率过高，说明企业的负债过重，可能会导致企业无法按时偿还债务，增加债权人的风险。而从企业所有者的角度来看，他们希望负债比率能保持在一个适度的水平。适度的负债比率可以利用财务杠杆的作用，为企业带来更多的收益。然而，过高的负债比率也会增加企业的财务风险，甚至可能导致企业破产。

（21）经济极限初产：是指油气井开始生产时的最低经济产量，即当财务净现值达到零时的油气井的初始产量。这个产量水平是考虑到油气井投资、固定成本、变动成本以及油气价格等因素后计算出来的。在这个产量水平上，油气井的运营能够覆盖其完全成本，开始为投资者创造经济价值。

（22）经济极限累计产量：指的是在油气井的生产期内，当财务净现值达到零时的累积产油气量。这是评估油井经济效益的一个重要指标，有助于油田管理者判断油气井是否还有继续开采的价值。具体来说，经济极限累计产量的计算涉及多个因素，包括油气井的初始投资、操作成本、油气价格、税费等。这些因素共同影响着油气井的经济效益和产量。当油气井的产量达到经济极限累计产量时，意味着该油气井已经无法再为投资者创造更多的经济价值。

（23）销售收入：是企业通过产品销售或提供劳务所获得的货币收入，以及形成的应收销货款。按销售的类型，销售收入包括产品销售收入和其他销售收入两部分，其中产品销售收入是主要组成部分。

（24）单位技术成本：是指项目经济生命周期内所有投入成本与项目预期总产量的比值，是投资者进行项目决策的一个综合经济指标。对于项目或投资单元而言，单位技术成本可以反映出单位产出的成本投入情况。它不同于通常成本指标之处在于，它考虑了投入资金的时间价值以及未来产量的时间价值。通常来说，单位技术成本等于项目未来建设投资（Capex）和操作费（Opex）的现值除以项目未来产量的折现值。

第六节　不确定性分析类常用术语

（1）敏感性分析：是一种不确定分析方法，常用于投资项目或企业决策中。其主要目的是从众多不确定性因素中找出对经济效益指标有重要影响的敏感性因素，并分析、测算这些因素对项目或企业经济效益指标的影响程度和敏感性程度。这种方法有助于判断项目或企业承受风险的能力，为决策者提供有价值的信息。在敏感性分析中，通常会逐一变动相关参数，以观察其对经济效益指标的影响。如果一个参数的小幅度变化能导致经济效益指标的较大变化，那么这个参数就被视为敏感性因素；反之，如果参数的变化对经济效益指标的影响较小，则该参数被视为非敏感性因素。

（2）情景分析：在进行海外油气经济评价中，针对不同油气价格、不同操作成本等可以构建不同情景，以评估项目在不同情况下的表现。根据情景分析的结果，制定相应的风险应对策略和决策方案。

（3）风险分析：一般包括政治风险、经济风险、技术风险、环境风险、市场风险和法律政策风险，通过不同角度的风险分析，可以帮助决策层识别出可能会对项目造成负面影响的潜在风险，从而有时间和机会采取相应的措施来避免或减轻风险发生的可能性。

（4）基准平衡分析：是一种不确定性分析，旨在通过分析项目达到税前或税后行业基准收益率时，主要不确定性因素单独变化所对应的允许变化程度。

（5）期望货币值分析：是一种定量风险分析技术，用于确定一项投机的期望货币价值。它是通过计算每一种可能出现的结果的货币收益（或损失）与其出现的概率相乘以后的和来得出的。这种分析方法常和决策树一起使用，因为它既考虑了现金的因素，也考虑了风险的因素。

（6）临界值：在敏感性分析中，临界值是指允许不确定因素向不利方向变化的极限值。一旦达到或超过这个极限，项目的效益指标将变得不可行，即项目的经济效益将受到严重影响，可能无法满足预期的收益要求。为了确定临界值，通常需要对每个关键因素进行逐一分析，通过改变其数值来观察对项目效益指标的影响。当某个因素的变化导致项目效益指标达到或低于可接受的最低水平时，这个因素此时的数值就被视为临界值。

参考文献

[1] 傅家骥，仝允恒．工业技术经济学 [M].3 版．北京：清华大学出版社，1996.

[2] 国家发展改革委员会，建设部．建设项目经济评价方法与参数 [M]. 3 版．北京：中国计划出版社，2006.

[3] 黄耀琴．石油工业技术经济学 [M].2 版．武汉：中国地质大学出版社，2014.

[4] 中华人民共和国住房和城乡建设部．石油建设项目经济评价方法与参数 [M]. 北京：中国计划出版社，2010.

[5] 全国咨询工程师（投资）职业资格考试参考教材编写委员会．项目决策分析与评价 [M]. 北京：中国统计出版社 , 2023.

[6] 全国咨询工程师（投资）职业资格考试参考教材编写委员会．现代咨询方法与实务 [M]. 北京：中国统计出版社 , 2023.

[7] 周林森，郑德鹏．国际石油勘探开发合同模式及其变化趋势 [J]. 国际石油经济 , 2006, 14(9):23–25.

[8] 徐可达．海外油气田开发经济评价方法研究 [D]. 安达：大庆石油学院 , 2005.

[9] 李玉蓉 , 陈光海 , 黄文英 , 等．国际石油合作勘探开发项目经济评价的模型研究 [J]. 化学工业 , 2004, 22(10):24–28.

[10] Daniel Johnston. 国际油气财税制度与产量分成合同 [M]. 北京：地震出版社，1999.

[11] 尹秀玲 , 齐梅 , 孙杜芬 , 等．矿税制合同模式收益分析及项目开发策略 [J]. 中国矿业 , 2012, 21(8):42–44.

[12] 高新伟，徐丽娟．我国海外油气投资项目立项决策指标体系研究 [J].

甘肃科学学报，2013，25（1）：148-150.

[13] 王年平 . 国际石油合同模式比较研究 [D]. 北京：对外经济贸易大学 ,2007.

[14] 石油工业建设项目经济评价方法与参数论文集编委会 . 石油工业建设项目经济评价方法与参数论文集 [M]. 北京：石油工业出版社，2006.

[15] 葛艾继，郭鹏，许红 . 国际油气合作理论与实务 [M]. 北京：石油工业出版社 , 2004.

[16] 罗东坤，赵旭 . 海外油气投资经济评价方法 [M]. 青岛：中国石油大学出版社 , 2016.

[17] 高新伟 . 国际石油经济合作 [M]. 青岛：中国石油大学出版社 , 2012.

[18] 尹秀玲 . 国际油气勘探开发项目经济评价方法研究 [D]. 北京：中国地质大学（北京）,2012.

[19] 孙杜芬 , 李祖欣 , 刘申奥艺 , 等 . 国际石油合同比较方法分析 [J]. 中国矿业 , 2019, 28(9):32-36.

[20] 李玉蓉 . 国际石油合作勘探开发项目经济评价研究 [D]. 南充：西南石油学院 , 2004.

[21] David Johnston，Daniel Johnston. 油公司财务分析 [M]. 北京 : 石油工业出版社 , 2012.

[22] Charlotte J Wright，Rebecca A Gallun. 国际石油会计 [M]. 北京：中国石化出版社 , 2016.

[23] Andrew Inkpen，Michael H Moffett. 全球石油和天然气行业：管理、战略和财务 [M]. 北京：石油工业出版社 , 2019.

[24] Robert S Thompson, John D Wright. 石油资产评估 [M]. 2 版 . 北京：中国石化出版社 , 2011.

[25] 朱学谦，李广超 . 海外油气投资优化组合技术 [M]. 北京：石油工业出版社 , 2022.

[26] Daniel Johnston. 国际勘探经济、风险和合同分析 [M]. 北京：中国石化出版社 , 2010.

[27] 王庆，张宝生．基于经济效益的海外油气勘探开发风险分析：以中亚地区为例 [J]. 技术经济与管理研究，2012(1):23-26.

[28] 王青，王建君，汪平，等．海外油气勘探资产技术经济评价思路与方法 [J]. 石油学报，2012, 33(4):640-646.

[29] 罗东坤．油气勘探投资经济评价方法 [J]. 油气地质与采收率，2002 (1): 21-23.

[30] 梁海云，丁建可．海外风险勘探项目经济评价 [J]. 当代石油石化，2006，14（8）：26-29.

[31] 王青，邹倩，张宁宁．海外油气勘探项目估值方法与参数选取研究 [J]. 国际石油经济，2023, 31(5):68-75.

[32] 刘斌．油气勘探项目经济评价方法研究 [J]. 中国石油勘探，2002, 7 (3): 73-76.

[33] 吴芳妹．决策树模型在油气勘探项目经济评价中的应用探讨 [J]. 国际石油经济，2018, 26 (4): 90-97.

[34] 蒋其发．增量分析的原理及其在项目评估中的应用 [J]. 技术经济与管理研究，2012 (8): 21-24.

[35] 王淼．用“直接增量法”评价改扩建项目损益处理的探讨 [J]. 石油化工技术经济，2000，16 (3): 24-25.

[36] 郭睿，原瑞娥，张兴，等．海外油气田开发新项目评价方法研究 [J]. 石油学报，2005, 26(5):42-47.

[37] 中国石油天然气股份有限公司．油气田开发建设项目后评价 [M]. 北京：石油工业出版社，2005.

[38] 中国石油天然气股份有限公司．油气勘探项目后评价 [M]. 北京：石油工业出版社，2005.

[39] 王永祥，张君峰，毕海滨，等．油气储量评估方法 [M]. 2 版．北京：石油工业出版社，2012.

[40] 中国石油天然气股份有限公司勘探与生产分公司．美国 SEC 准则油气储量评估论文集 [M]. 北京：石油工业出版社，2012.

[41] 郝洪．美国证券交易委员会新的油气报告披露条例及其影响 [J].

国际石油经济，2009（5）：63-64.

[42] 张玲，魏萍，肖席珍 .SEC 储量评估特点及影响因素 [J]. 石油与天然气地质，2011,32(2) : 293-301.

[43] 许慧文 , 岳仲金 , 黄学昌 , 等 . 海外油气开发项目单井经济评价方法研究 [J]. 石油规划设计 , 2015, 26(6):46-48.

[44] 吴亚丽 . 海外油气项目经济极限值测算 [J]. 中外能源 , 2011, 16(6):35-39.

[45] 郭鹏，傅雷 . 海外油气项目单井经济评价方法及应用研究 [J]. 国际石油经济 , 2023, 31(6):97-104.

[46] 王青 , 王建君 , 汪向东 , 等 . 并购海外油公司项目的技术经济评价思路及方法 [J]. 石油学报 , 2007, 28(2):144-150.

[47] Jim Haag，Gene Wiggins. 石油资产的收购与剥离 [M]. 北京：石油工业出版社 , 2023.

[48] Joshua Rosenbaum，Joshua Pearl. 投资银行：估值、杠杆收购、兼并与收购、IPO[M]. 北京：机械工业出版社 , 2022.

[49] Joshua Rosenbaum，Joshua Pearl. 财务模型与估值：投资银行和私募股权实践指南 [M]. 北京：机械工业出版社 , 2023.

[50] 中国资产评估协会 . 资产评估实务（二）[M]. 北京：中国财政经济出版社 , 2024

[51] 金岩 . 海外油气资产并购常用估值方法探析 [J]. 石油化工管理干部学院学报 , 2010 (4):43-46.

[52] 邓子渊 . 油气经济评价理论与应用 [M]. 北京：中国石化出版社 , 2021.

[53] 诚讯金融培训公司 . 实用投融资分析师认证考试统编教材：估值建模 [M]. 北京：中国金融出版社 , 2011.

[54] 诚讯金融培训公司 . 实用投融资分析师认证考试配套教材：Excel 财务建模手册 [M]. 北京：中国金融出版社 , 2011.

[55] 注册估值分析师协会 . 投资银行：Excel 建模分析师手册 [M]. 北京：机械工业出版社 , 2014.